엄마는 읽고
아이는 활동책으로
연습하는

초등
입학 준비

엄마는 읽고
아이는 활동책으로
연습하는

국민 담임
서진쌤의

초등 입학 준비

2025
입학 타파

정서진(서진쌤) 지음

서 사 원

초등학교 입학을 축하합니다!

우리 아이가 어느덧 이렇게 커서 학교에 입학한다니…… 생각만 해도 떨리고 긴장되죠? 저도 아이를 초등학교에 보낼 때 초조하고 불안했습니다. 우리 아이가 단체 규칙을 잘 지키고 적응할 수 있을까? 친구들과 잘 지낼 수 있을까? 걱정되는 것이 한두 가지가 아니었습니다.

12년 동안 초등학교 선생님으로 재직하면서 학교 일이라면 빠삭하게 안다고 자부했던 저도 입학 날짜가 다가올수록 초조했는데 다른 예비 초등생 학부모님은 얼마나 걱정이 클까요. 엄마라는 역할도 처음이고, 학부모가 되는 것도 처음일 텐데 모든 것이 얼마나 어렵고 막막하겠어요.

누구보다 이 마음을 잘 알기에 우리 아이를 입학시킬 때를 떠올리며 초등학교생활에 필요한 소소하지만 중요한 정보를 많은 분과 나누기 시작했습니다. 예비 소집일에는 무엇을 해야 하는지, 가방은 어떤 것을 사야 하는지, 가방 안에는 무엇을 넣어야 하는지, 등교할 때는 어디서 어떻게 아이와 헤어져야 하는지, 급식 시간에는 밥을 어떻게 먹는지, 수업 시간과 쉬는 시간은 어떻게 보내는지 등을 말이죠. 제가 SNS에 올린 입학 준비 영상들은 누적 2천만 이상의 조회수를 달성할 정도로 많은 학부모님의 사랑을 받았습니다.

이 책은 여러분처럼 입학 준비에 걱정이 많은 초보 엄마들을 위해 초등생활 지도를 그려 준다는 마음을 담아 아주 쉽고 자세하게 풀어 썼습니다. 제가 가진 12년 동안의 모든 교직 생활 노하우를 담아 준비한 『국민 담임 서진쌤의 초등 입학 준비』를 다 읽고 입학식 날 엄마와 아이 모두 자신만만하게 학교 교문을 통과하기를 바랍니다.

모든 학부모를 응원하는
정서진

목차

PART 01
입학 전 꼭 알아야 할
기본 초등 상식

PART 02

부모와 아이가
함께 준비하는 입학식

PART 03 입학 초기 사용하는 유용한 학교생활 정보

예비 학부모가
가장 궁금해하는 15가지 질문

입학 전 꼭 알아야 할
기본 초등 상식

입학 나이가 궁금해요

초·중등교육법 법령에 따르면 같은 해에 태어난 아동은 모두 같은 학년에 입학해야 합니다. 하지만 2항에 따라서 1년 빠르게 조기 입학을 하거나 1년 늦게 입학을 미룰 수 있습니다.

초·중등교육법

제13조(취학 의무)
① 모든 국민은 보호하는 자녀 또는 아동이 6세가 된 날이 속하는 해의 다음 해 3월 1일에 그 자녀 또는 아동을 초등학교에 입학시켜야 하고, 초등학교를 졸업할 때까지 다니게 해 한다.
② 모든 국민은 제1항에도 불구하고 그가 보호하는 자녀 또는 아동이 5세가 된 날이 속하는 해의 다음 해 또는 7세가 된 날이 속하는 해의 다음 해에 그 자녀 또는 아동을 초등학교에 입학시킬 수 있다. 이 경우에도 그 자녀 또는 아동이 초등학교에 입학한 해의 3월 1일부터 졸업할 때까지 초등학교에 다니게 하여야 한다.

1962~2008년에는 2월 말일에 만 6세가 된 아동에게 자동으로 취

학통지서를 발급했습니다. 취학통지서는 초등학교 입학 전인 미취학 어린이에게 의무교육인 초등학교에 들어가는 것을 허락하거나 알리는 문서입니다.

소위 말하는 1~2월생(빠른 년생)은 자신보다 출생 연도가 1년 빠른 아이들과 함께 입학했습니다. 이뿐만이 아닙니다. 1970~1990년대는 취학 대상보다 1~3개월이 늦은 3~5월생을 편법으로 조기 입학시키는 일까지 성행했습니다.

그런데 1990년대 후반부터 2000년대 초에는 '빠른 년생'이 출생 연도가 늦다는 이유로 동급생에게 괴롭힘을 당하는 일이 종종 발생했습니다. 이런 연유로 1~2월생 자녀를 둔 부모들은 자녀가 학교생활에 적응하지 못할 것을 우려하여 일부러 입학 시기를 늦추는 사례가 크게 증가했습니다.

정부는 초·중등교육법을 개정하며 3월 1일이었던 취학 기준일을 1월 1일로 변경하였습니다. 이에 따라 법이 처음 적용되는 2009년에는 2002년 3월부터 2022년 12월까지 출생한 아이들이 학교에 가고, 2003년 1~2월에 태어난 아이들은 그다음 해인 2010년에 초등학교에 들어가게 되었습니다.

바뀐 제도 때문에 2009학년도에는 초등학교 조기 입학을 고려해서 유치원에 1년 일찍 입학했던 아이들이 유치원 7살 반을 2번 다닌 뒤에 학교에 들어갈 수 있었습니다. 결국 유치원을 같이 다닌 같은 반 친구들을 한 학년 위 선배로 만나야 했던 거지요.

현재는 이 정책이 자리를 잡아 1~12월을 취학 기준 연도로 나누어 입학하고 있는데요, 초·중등교육법 제13조 2항에 따라 조기 입학이 가능하지만 실제로 조기 입학을 하는 학생들은 점점 줄어들고 현재는 거의 없다시피 합니다. 오히려 COVID-19 팬데믹 이후에는 초등학교 입학 연기가 증가했습니다.

조기 입학·입학 연기

조기 입학이나 입학 연기가 필요한 분이 참고하면 좋을 정보를 알려드릴게요. 자세한 내용은 관공서로 문의하면 빠르게 답변 받을 수 있어요.

① 대상
취학 연령보다 1년 일찍 또는 늦게 입학을 희망하는 학생.

② 신청 방법
주소지 기준 행정복지센터 또는 면사무소에 신청.

③ 신청 기간
(입학 예정 전년도) 10월 1일~12월 31일.

2
단계

어떤 초등학교에 가야 할까요?

아이가 5살이 되면 학부모님들의 걱정이 하나 더 생깁니다. 어린이집을 계속 다녀야 할지, 유치원을 가야 할지, 유치원을 간다면 사립유치원을 가야 하는지 공립유치원을 가야 하는지, 영어유치원(영어 학원)이나 놀이학교(학원)를 가야 하는지 여러 기관을 비교 분석해 본 끝에 아이가 취학 전에 다닐 기관을 정하게 됩니다.

이 걱정은 초등학교를 갈 때도 이어집니다. 초등학교를 공립초등학교로 보내야 할지, 사립이나 국제 학교로 보내야 할지 고민하지요. 대부분 아이는 공립초등학교로 진학하게 되고, 일부 학생들은 사립초등학교나 국제학교로 진학하게 됩니다.

── ① 공립초등학교

공립초등학교는 집 근처에 1~2개씩 있는 초등학교입니다. 대부분 아이는 공립초등학교로 진학하게 됩니다. 공립초등학교는 각 지방자치

15

단체가 설립하고 운영하는 학교로 학생 교육에 들어가는 교육비 전액을 모두 국가에서 지원받습니다.

공립초등학교는 입학을 따로 신청하거나 지원하지 않아도 취학 연령대가 되면 관할 읍·면·동 행정복지센터에서 취학통지서를 보내 줍니다. 예를 들어 2025학년도 취학 연령은 2018년 1월 1일부터 2018년 12월 31일 사이에 태어난 모든 아이가 초등학교 입학 대상자가 되어 12월 중에 취학통지서를 각 가정으로 배부합니다.

── ② 국립초등학교

국립초등학교는 교육대학교나 국립사범대학교에서 부설로 운영하는 초등학교입니다. 국립초등학교는 직접 지원을 하고 추첨을 통해 선발됩니다. 따라서 국립초등학교 진학을 희망할 경우 학교의 지원 일정과 방법을 확인한 뒤 입학 신청을 해야 합니다.

국립초등학교는 공립학교 교사가 국립학교에 직접 지원하여 발령을 받습니다. 국립초등학교에서 근무하는 교사 중 교육 연구 실적이 있는 교사에게 승진 가산점을 줍니다. 그래서 담임 선생님마다 학급 내 특성화 프로그램(한자, 토론, 놀이 수학) 등을 운영하는데요, 이때문에 국립초등학교 수업 커리큘럼이 좋다는 인식이 있어서 입학 경쟁률이 20:1 정도로 높은 편입니다.

제가 졸업한 서울교육대학교에도 부설초등학교가 있었는데, 이 곳도 매우 인기 있는 국립초등학교 중 하나였습니다. 자녀의 입학을 희망하는 학부모가 모두 부설초등학교에 모여 직접 추첨을 해서 입학 여부를 결정하는 방식으로 진행했는데요, 추첨하는 날이면 정말 많은 인파가 초등학교 운동장에 모였고, 학부모 중에는 연예인도 있어서 쉬는 시간이면 사람이 많이 모였던 기억이 납니다.

국립초등학교 추첨일은 대부분 11월 말경에 이루어지며 지원자는 신분증을 지참하여 참석해야 합니다. 추첨과 동시에 선발이 확정되며 당첨된 사람은 입학 확인서(입학 허가증)를 교부받게 됩니다. 이것을 들고 주민센터에 가서 제출하면 국립학교로 취학통지서를 배부받게 됩니다. 국립초등학교도 공립초등학교와 마찬가지로 별도의 수업료를 내지 않습니다.

───── ③ 사립초등학교

사립초등학교는 교육부의 인가를 받은 학교법인이라든가 공공단체 이외의 법인 또는 개인, 종교기관에서 설립하고 경영하는 학교입니다.

이곳은 공립초등학교, 국립초등학교와 달리 학부모가 자부담하는 교육비로 운영되기 때문에 2학기 기준 평균 1인당 970만 원의 교육비가 발생합니다. 공립초등학교와 교육과정은 같지만 방과후 프로그램이나 특별 활동 등에서 차이가 있습니다.

국공립초등학교 교사는 국가고시를 통과하여 자격증을 취득한 교육 공무원입니다. 하지만 사립초등학교 교사는 교대 또는 일반대 초등교육학과를 졸업하면 받는 초등 2급 정교사 자격증이 있는 자들을 대상으로 해당 학교에서 정해진 기준에 맞추어 채용합니다. 사립초등학교 교사들의 호봉, 승급제, 복무 규정은 공립학교에 준하여 결정되므로 거의 비슷합니다.

　사립초등학교도 국립초등학교와 마찬가지로 추첨을 통해 입학 여부
가 결정됩니다. 사립초등학교 입학을 희망한다면 9~10월에 희망하는
사립학교의 입학 지원 절차를 확인하고 지원해야 합니다. 추첨과 동시
에 입학 당락이 결정되며 당첨된 사람은 입학 확인서(입학 허가증)를 교
부받게 됩니다. 이것을 들고 주민센터에 가서 제출하면 사립학교로 취
학통지서를 배부받게 됩니다.

3
단계

취학통지서를 받아요

초등학교 취학통지서는 보통 입학을 앞둔 12월에 각 지역구 통장이 집으로 직접 방문하여 배부해 주었습니다. 하지만 2021년부터는 '정부24(gov.kr)'를 통해 직접 인쇄할 수 있게 되었습니다. 온라인으로 받기 어려운 경우 기존의 방식대로 지역구 통장이 가정으로 취학통지서를 배부해 주니 걱정하지 않아도 됩니다.

만약 취학통지서를 분실했을 경우 QR코드를 통해 발급 기간 내에 몇 번이고 다시 받을 수 있습니다. 온라인 발급 기간이 지났다면 신분증을 지참하여 주민센터에 방문하면 취학통지서를 받을 수 있습니다. 저도 예비소집일 전 취학통지서를 분실해서 다급히 주민센터에 갔는데 간단한 신분 확인 절차만 하고 빠르게 재발급을 해 주었습니다.

취학통지서

취 학 통 지 서

(학교제출용)

발행번호 : (각자 다름)

주 소	
보호자 성명	
취학아동성명	
주민등록번호	
취 학 학 교	
예비소집일시	
입 학 일 시	
등 록 기 간	

위 아동은 초·중등교육법 제13조에 의하여 아래 학교에 배정되었사오니,
이 통지서는 취학할 초등학교의 예비소집에 참석할 때 지참하기 바랍니다.

2024년 12월 13일

수내1동 장 (인)

*특별한 사유 없이 기일 내 취학하지 않을 때는 초·중등교육법 제68조에 의하여
보호자는 처벌을 받게 됩니다.

깨알팁 ## 취학통지서를 받기 전에 잡아 주는 생활습관

취학통지서를 받기 전 부모님은 아이에게 취학통지서를 설명해 주면서 독립적인 활동을 할 수 있게 지도해 주세요.

"○○아, '취학통지서'가 뭔지 아니? 이건 나라에서 초등학교에 갈 아이들에게 크리스마스 선물처럼 주는 종이란다. 우리 ○○이는 과연 받을 수 있을까?" 밥을 다 먹은 아이에게 "우와~ 밥도 다 먹고 식기 정리까지 잘했네! 이 정도면 학교에서 급식도 잘 먹고 식판 정리도 잘하겠는데! 내일 취학통지서 받는 거 아니야?"라며 격려해 주세요.

이렇게 11월 말부터 입학을 기다리며 기초생활습관을 잡아 주면 마냥 아기 같던 아이도 스스로 할 수 있는 일이 제법 많아져요. 또 실패하더라도 끊임없이 스스로 해 보려고 노력하는 모습을 보이는 등 전과 다르게 행동한답니다.

기다리고 기다리던 취학통지서를 받게 되면 "드디어 왔다! 정말 축하해! 우리 ○○이는 초등학생이 될 줄 알았어!"라며 칭찬해 주세요. 이건 아이가 당연하게 취학통지서를 받은 것이 아니라 스스로 준비해서 맞이한 기쁜 일이 되므로 자존감을 높여 주고 학교에 대해 특별한 생각을 가지게 해 줍니다.

4단계

예비소집일에 참석해요

예비소집일은 초등학교 취학이 예정된 아동과 보호자가 함께 취학통지서에 기재되어 있는 예비소집 날짜에 취학통지서를 가지고 해당 학교를 방문하는 날입니다.

예비소집일에 제출해야 하는 서류 등 세부 내용은 학교마다 조금씩 다르니 취학 예정인 학교에 미리 연락해 물어보거나 홈페이지에서 확인하면 됩니다.

예비소집일에는 학교에 가서 서류를 제출하고 아이가 해당 학교 전산에 잘 등록되어 있는지 확인하면 됩니다. 학교 교칙에 따라서 간단한 질문을 하기도 하지만 코로나를 겪으며 많이 간소화된 경우가 대부분입니다.

서류 제출이 끝나면 학교에서는 학부모에게 각종 서류를 전달해 줍니다. 학교마다 조금씩 차이가 있지만 보통 학교 소개, 일과운영표(시간표), 기본 학습 준비물, 학사일정(쉬는 날이 언제인지), 입학식 안내, 신입생

학교생활기록부 기초 조사서 등입니다. 이 서류들은 입학 전에 미리 나누어 주는 학교도 있고, 개학 후 가정통신문으로 보내는 학교도 있습니다.

저희 아이가 다니는 학교에서는 '돌봄교실 신청 안내문', '수익자부담경비 출금동의 안내문', '교육비 지원 안내문', '학교 전반적인 생활 안내 책자'까지 총 4가지를 나누어 주었습니다.

── ① 교육청 새내기 학부모 길라잡이

학교가 속해 있는 시도교육청에서 초등학교 교육에 대한 이해와 학교생활 전반적인 안내를 위해 제작하는 안내 책자입니다. QR코드로 접속하여 스크롤을 내리면 [바로가기]란에 '새내기 학부모'를 발견할 수 있습니다. 아이콘을 클릭하면 서울시

새내기 학부모
길라잡이

교육청에서 만든 '새내기 학부모 길라잡이 PDF 파일(parents.sen.go.kr)'을 받을 수 있으니 아이들 입학 준비에 참고하기 바랍니다.

── ② 수익자부담경비 출금동의 안내문

수익자부담경비는 학교 교육 활동에서 발생하는 다양한 경비 중에 보호자가 부담해야 하는 경비(방과후교육비, 현장학습비 등)를 말합니다. 이 수익자부담경비를 통장 계좌로 자동이체를 할지, 신용카드로 납부할지 방법을 선택하고 서류를 작성해서 제출하면 됩니다. 통장 계좌로 자동이체할 경우 학교마다 특정 은행 계좌로만 이체가 가능한 경우가 있으

니 꼭 확인해야 합니다. 주로 신한은행, 농협은행으로만 자동이체를 진행하는 경우가 많습니다.

③ 교육비 지원 안내문

학교가 속해 있는 시도교육청에서 저소득층 가정에 교육 급여(바우처)와 교육비(현금)를 지원하는 제도가 있습니다. 교육비 항목별로 지원 기준이 정해져 있으니 '복지로(bokjiro.go.kr)'를 통해 확인하기 바랍니다.

④ 돌봄교실 신청서

초등학교 돌봄교실은 인원이 제한되어 있어서 꼭 신청 기간에 지원해야 합니다. 예비소집일에 취학통지서를 제출하면서 "돌봄교실은 언제 신청하나요?"라고 질문하고 돌봄교실 신청서와 그 절차에 대해 안내를 받아야 합니다. 보통 예비소집일에 돌봄교실 신청 서류를 받아 입학식날 신청서를 내는 경우가 많습니다.

만약 예비소집일 참석이 어렵다면 반드시 학교에 전화해서 알리고 다른 날 방문하도록 합니다. 예비소집일에는 학생이 보호자와 함께 가는 것이 원칙입니다. 따라서 학생이 참석하기 어렵다면 학교에 미리 전화하여 아이의 취학 의사를 분명하게 밝히고, 추후에 취학통지서를 제출하는 방법과 서류를 받는 방법에 대해 문의해야 합니다. 만일 사정상 아이의 법적 보호자인 부모님이 동행하지 못하면 조부, 조모, 이모 등 다른 보호자가 대신 참석해도 괜찮습니다.

예비소집일 100% 활용하는 깨알팁

예비소집일은 12년 학창 시절의 처음을 시작하는 날이니만큼 좋은 첫인상을 남겨야 합니다. 먼저 부모님과 아이가 집에서 초등학교까지 함께 걸어가면서 아이 주도하에 위험한 곳이 있는지, 특별히 신경 쓰며 가야 하는 길이 있는지, 횡단보도를 안전하게 건널 수 있는지 등을 확인해 보세요.

교문을 통과할 때는 "여기가 학교 정문이야. 드디어 초등학교에 가는구나!"라며 학교에 들어가는 의미를 부여해 주세요. 학교 분위기도 느껴보고 선생님과 짧게 이야기도 나누어 보세요.

1학년 아이들이 가장 힘들어하는 것 중 하나가 혼자 화장실을 가는 것입니다. 유치원에 비해서 넓고 딱딱한 느낌의 학교 화장실을 혼자 이용해야 하니 거부감을 가지는 학생들이 있습니다. 예비소집일에 1학년 교실과 가까운 화장실 위치를 확인해 보고 혼자 소변도 볼 수 있게 기회를 주세요. 예비소집일에 부모님과 함께 배변 연습을 해 봤다면 입학 후에도 좀 더 편안하게 화장실에 적응할 수 있습니다.

예비소집일을 마치고 집으로 돌아가는 길에 아이에게 "학교생활 어떨 것 같아?"라고 물어보세요. 제 딸에게도 물었더니 관찰하고 느꼈던 걸 재잘재잘 이야기했습니다.

5
단계

돌봄, 늘봄, 방과후학교는
무엇인가요?

입학하자마자 헷갈리는 용어들이 있지요. 그중 단언컨대 '돌봄', '늘봄', '방과후학교'는 빠지지 않고 등장하는 용어입니다. 그럼 저와 함께 차근차근 하나씩 알아볼까요?

① 돌봄교실

'돌봄교실'은 학교 수업이 끝난 후 아이들을 학교 내에서 돌봐 주는 교실입니다. 돌봄교실 운영 시간은 학교마다 조금씩 차이가 있습니다. 하지만 대부분 학기 중에는 오후 5시까지, 방학 중에는 오후 3시까지 운영합니다.

돌봄교실은 최대 인원이 정해져 있어 신청을 해도 들어가지 못하는 경우가 있습니다. 돌봄교실 선발 기준은 약간씩 차이가 있지만 보통 1순위는 저소득층 가정의 자녀, 2순위는 조손 가정이나 일하는 한부모 가정의 자녀, 3순위는 맞벌이 다문화 가정의 자녀, 4순위는 맞벌이 가

돌봄교실 신청서 예시

★ **대상**: 맞벌이·저소득층·한부모 가정 등 돌봄이 꼭 필요한 학생 중 희망자

★ **신청 및 선정 절차**

모집공고(안내) ➡ 학부모 신청·동의 ➡ 학교장 승인

- 교육비 지원 대상자 확인 서류, 맞벌이 가정 관련 서류(재직증명서, 사업자등록증, 기타 증빙자료 등) 확인 후 선정(학교 여건에 따라 탈락 가능)합니다.
※ 예비 1학년은 취학통지서와 돌봄교실 수요 조사 안내장이 함께 가정으로 발송되니, 보호자가 작성하여 예비소집일에 학교로 제출합니다.

정의 다자녀, 5순위는 맞벌이 가정의 자녀 순으로 순위를 매깁니다.

돌봄교실은 보육이 목적이기 때문에 종이접기, 단체 체육, 국악과 같은 특별활동이 하루 1개 정도 있고, 교실에서 아이들끼리 자유롭게 놀이를 하거나 학습하는 시간도 있습니다.

★ **운영형태**
- 오후돌봄교실: 맞벌이, 저소득층, 한부모 가정 등 돌봄이 필요한 1~2학년 학생
- 저녁돌봄교실: 오후돌봄교실 참여 학생 중에서 추가 돌봄이 필요한 학생
- 방과후학교 연계형 돌봄교실: 방과후학교 프로그램에 참여하면서 오후돌봄교실을 이용하지 않는 학생
- 방학·휴업일 중 돌봄교실: 돌봄교실 참여 학생 및 돌봄이 필요한 학생
※ 돌봄교실은 학교 여건에 따라 다르게 운영합니다.

★ **운영시간**

오후돌봄교실 ➡	방과후~19:00
저녁돌봄교실 ➡	오후돌봄교실 종료~22:00 이내
방과후학교 연계형 돌봄교실 ➡	방과후~17:00
방학·휴업일 중 돌봄교실 ➡	09:00~17:00

돌봄교실은 무료로 이용할 수 있지만 돌봄교실 안에서 먹는 간식비(1일 2,000원 내외)는 별도로 지급해야 합니다.

돌봄교실은 3학년까지 신청할 수 있습니다. 돌봄교실 참여가 불가능한 경우 지역사회 돌봄기관인 '지역아동센터', '다함께돌봄센터' 등 기타 돌봄 기관을 이용할 수 있습니다. 자세한 사항은 '늘봄·방과후중앙지원포털(afterschool.go.kr)'을 확인하세요.

───── ② 늘봄학교

"늘봄학교는 도대체 뭔가요?", "돌봄교실의 다른 말인가요?"라는 질문을 많이 받습니다. 쉽게 말하면 늘봄학교는 돌봄교실과 방과후학교가 모두 포함된 개념입니다. 학생의 성장과 발달을 위해 정규 수업 후에 학교가 지역사회의 다양한 교육자원을 연계하여 다양한 교육 활동을 제공하는 연장 교육 프로그램입니다.

늘봄학교는 2024년도 2학기부터 전국 모든 학교에서 시행되는 정책입니다. 오전 7시부터 오후 8시까지 학교에서 다양한 돌봄, 방과후학교를 이용할 수 있습니다.

기존 돌봄교실은 맞벌이, 저소득층, 한부모 가정 자녀를 중심으로 운영되었지만, 늘봄학교는 희망하는 누구나 서비스를 이용할 수 있습니다.

돌봄교실은 정규 수업이 끝난 후 운영되는데, 늘봄학교는 오전 7시부터 수업 전까지 아이를 돌봐 줄 수 있습니다. 부모님 출근 시간에 맞춰 빨리 등교한 학생들이 빈 교실에 혼자 있는 건 안전하지 않을 수 있어 늘봄교실에 모여서 독서활동을 하는 등 기본 보육 프로그램을 제공하는 형태이지요. 정규 수업이 끝난 이후에는 매일 2시간씩 무료로 맞춤형 프로그램을 제공해 줍니다. 주요 수업 내용은 실로폰 연주, 미술놀이, 보드게임, 놀이체육, AI코딩 수업 등이 있습니다. 초등 3~6학년은 경쟁력 있는 미래역량 함양, 진로탐색 등의 목표가 있는 프로그램을 제공합니다.

늘봄학교 프로그램 예시

분야	주요 내용
문화·예술	악기 연주와 음악 감상, 미적 체험과 표현, 문예창작, 연극, 영화, 사진
사회·정서	사회와 언어, 건강과 안전, 명상, 마음 알기
체육	운동과 체력, 건강한 생활습관, 안전한 활동, 스포츠 유형과 표현
창의·과학	AI디지털, 기술과 생활, 지구와 우주, 과학과 사회, 수학적 사고
기후·환경	생태, 기후위기, 기후행동, 공동체성, 지속가능성

③ 방과후학교(방과후수업)

방과후학교는 2006년 사교육비를 줄이기 위해 도입된 제도로, 정규 수업이 끝난 후 외부 강사가 학교에 와서 학생들을 가르치는 프로그램입니다.

방과후학교는 수업과 별개인 프로그램으로 분기별로 수업료를 지불하고 참여하는 활동입니다. 학교는 공간을 빌려주고 협조하는 것이므로 학교 내에 있는 학원이라고 생각하면 됩니다. 제가 근무했던 학교에서는 학교 근처에서 학원을 운영하던 선생님이 방과후학교 강사로 지원하여 학교에서 수업을 진행했습니다. 방과후학교 강사는 방과후학교 담당 선생님들의 면접을 통해 선발됩니다. 개인적으로 양질의 교육을 받을 수 있는 프로그램이기 때문에 참 좋은 제도라고 생각합니다.

방과후학교는 학교마다 프로그램이 조금씩 다릅니다. 큰 학교의 경우 방송댄스, 코딩, 과학, 축구, 줄넘기, 역사 등 교과 학습과 연계된 학습 프로그램도 있고, 예체능 프로그램 등도 있어 매일 다양한 과목을 수강할 수 있어요. 간혹 20개 정도의 프로그램을 운영하는 학교도 있습니다. 학교마다 프로그램이 다르니 학교 홈페이지나 〈학교종이〉 앱을 통해 확인해 보세요. 1학년은 학교마다 신청 시기가 다르므로 예비 소집일에 문의해 보세요.

방과후학교는 보통 월 3만 원 내외의 수업료를 지불해야 합니다. 저소득층 가정 학생은 '방과후학교 자유수강권'이라는 제도를 통해 수강료 전액 또는 일부를 학교나 지자체에서 지원받을 수 있습니다. 자세한 내용은 거주하고 있는 지역의 '행정복지센터'나 '복지로'를 통해 자유수강권 제도를 확인해 보면 도움이 됩니다.

돌봄교실, 늘봄학교, 방과후학교를 보낼 때 주의사항

학기 초에 담임 선생님들은 돌봄교실, 늘봄학교, 방과후학교에 대한 문의를 많이 받는 편입니다. 하지만 이 같은 문의는 수업을 진행하는 선생님에게 직접 연락하는 것이 가장 빠르고 편한 방법입니다.

돌봄교실, 늘봄학교, 방과후학교는 정규 수업 시간 외에 진행하는 활동으로 학교라는 공간을 쓸 뿐, 담임 선생님은 이 수업을 진행하는 선생님, 강사님과 개인적으로 연락이 닿지 않습니다. 따라서 일정, 준비물 등은 해당 수업의 선생님, 강사님에게 연락하세요.

방과후학교 시간표 공유하는 방법

입학 초기에는 아이들이 정규 수업을 마친 뒤에 집으로 가야 하는지, 학원으로 가야 하는지, 방과후학교로 이동해야 하는지 모르는 경우가 많습니다. 정규 수업을 마친 뒤 "선생님, 저 어디로 가야 하는지 모르겠어요.", "선생님, 엄마가 수업 끝나고 어떻게 하라고 했는지 안 알려 주셨어요." 하며 울먹이거나 당황하는 아이들을 어렵지 않게 찾아볼 수 있습니다.

담임 선생님은 키즈노트나 문자로 학부모와 소통할 수 없으므로 아이를 도우려면 다른 방법을 통해야 합니다. 그 예로 아이 필통에 월요일부터 금요일까지 방과후학교 수업 시간표를 적어 붙여 놓으면 담임 선생님이 확인할 수 있습니다. 여건이 된다면 학교 책상에도 붙여 놓을 시간표를 하나 더 만들어 주면 좋습니다.

6 단계

2022 개정 교육과정 알아보기

2024학년도부터 적용되는 〈2022 개정 교육과정〉을 간단하게 알아보겠습니다. 교육과정은 초등학교에서 학생들이 꼭 배워야 하는 것을 교육부에서 정해 공표한 것을 말합니다. 교육과정이 개정되는 주기는 보통 6~7년 주기로, 2024년부터 반영되는 최신 교육과정은 2030년 정도까지 이어질 확률이 높습니다.

입학 전 교육과정을 미리 확인하면 우리나라 교육의 큰 방향과 우리 아이들에게 어떤 역량을 요구하는지 기준을 알 수 있습니다.

〈2022 개정 교육과정〉 이전 교육과정은 2015년에 개정된 교육과정입니다. 이 교육과정과 달라진 〈2022 개정 교육과정〉의 큰 비전은 '포용성과 창의성을 갖춘 주도적인 사람'입니다. 또한 모든 학생이 언어, 수리, 디지털 소양에 대한 기초 능력을 함양해야 한다고 정의했습니다. 이전까지 교육과정에서 다루지 않았던 디지털 소양이라는 언어가 처음으로 등장하는 세대인데요. 디지털 소양이란 디지털 지식에 대한 이해를 바탕으로 정보를 수집하고 이해하여 새로운 정보를 활용하는 능력을 뜻합니다.

많은 1학년 학부모님이 이 부분을 두고 '우리 아이도 미리 패드 학습을 시켜야 하나?'라며 걱정을 합니다. 실제로 작년 디지털 소양이라는 개념이 대두됨에 따라 패드 학습 시장이 커졌는데요. 실상 학교에서 말하는 디지털 소양과 패드 학습은 전혀 다른 개념입니다.

패드 학습은 아이들이 배우는 내용을 패드 안에 넣어서 클릭과 동영상 매체 등으로 학습을 하는 것을 의미합니다. 이에 반해 디지털 소양은 학생들이 디지털 플랫폼에 서로의 생각과 정보를 공유해서 그것들을 바탕으로 새로운 정보를 생산하는 능력을 의미합니다.

패드 학습이 없던 시절, 교실에서 선생님이 "외계인이 있다면 어떻게 생겼을까요?"라고 물으면 학생들은 각자 손을 들고 "외계인은 눈이 3개 일 것 같아요.", "눈 모양은 동그랗고 길 것 같아요."라며 발표를 했습니다. 이러한 과거 수업 방식은 친구들의 생각을 듣기에 시간이 부족했습니다. 또 친구들의 의견 중 좋은 의견만 취합해서 내 생각으로 발전시키기도 부족했습니다. 하지만 학생당 패드 1대가 교과서처럼 주어지면서 학생들은 선생님의 질문을 듣고 각자 생각하는 외계인의 모습을 개인 패드에 그려 넣고, 반 전체가 볼 수 있는 공유 화면에 띄워 나의 생각을 발표하게 되었습니다. 학생들은 공유된 화면을 통해 친구들이 생각하는 외계인의 모습을 한눈에 확인하고, 그 정보를 바탕으로 나만의 생각을 재창조해 낼 수 있습니다. 이렇게 디지털 활용 수업 방식은 기존 수업 방식의 단점을 보완할 수 있습니다.

한 가지 더 큰 변화는 〈2015년 교육과정〉에서 추구하는 인간상에 있던 '의사소통 역량'이 〈2022 개정 교육과정〉에서는 '협력적 소통' 역량으로 변화한 것입니다. 이전에는 자신의 의견을 이야기하고 타인의 의견을 받아들이는 '의사소통'을 중시했다면, 개정된 교육과정에서는 '협력하며 소통하는 태도'를 더 중시하겠다는 의미입니다.

의사소통 역량이 협력적 소통으로 변화해야 하는 이유는 학교 현장에서 아이들을 관찰할 때 확실히 알 수 있습니다. 학교에서는 프로젝트성 학습, 조별 활동, 모둠 점수, 모둠별 발표 활동 등 서로 협력해서 해결해야 하는 과제를 많이 줍니다. 코로나 전 시기의 학생들은 서로 돌아가며 자신의 의견을 말하고 상대의 의견을 존중해 주는 태도를 잘 보였습니다. 하지만 코로나 이후 학생들은 자기 의견만 내세우는 성향이 강해졌습니다. 그래서 모둠별 협력 활동을 하면 마찰이 발생하게 되었습니다. 결국 갈등을 해결하려면 협력적 소통이 필요한 셈이지요.

당부를 하자면 각 가정의 부모님은 아이에게 내 의견을 똑 부러지게 말하는 법과 친구들의 의견을 존중하는 법, 의견이 서로 다를 땐 합의점을 찾는 법을 가르쳐서 협력적으로 소통할 수 있도록 일상생활에서도 노력을 기울여야 합니다.

또 다른 변화로는 국어 교과 시수 확대를 통한 한글 해득 교육 강조입니다. 국어 교과 시수 확대란 국어 교과를 배우는 시간의 수가 증가되었다는 뜻입니다. 요즘 아이들의 문해력이 급속도로 떨어지자 교육부에서는 한글 교육의 중요성을 강조하며 국어 교과 시수를 34시간 추가 했습니다.

기존의 「안전한생활」, 「통합교과」 교과목들은 중복되는 내용이 더러 있어 개정 교육과정부터는 「통합교과」 하나로 합쳐지게 되었습니다.

1학년 교육과정상 수업일수는 연간 190일 이상이며 보통 주당 23시간(1일 5시간 이내) 운영, 1교시 40분 수업을 기준으로 합니다. 단, 학교별로 일과운영 시간이 다른 점 참고해 주세요.

1학년 교육과정에서 배우는 교과목은 「국어」, 「수학」, 「통합교과」입니다. 「통합교과」는 「바른생활」, 「즐거운생활」, 「슬기로운생활」의 이름이 바뀐 것입니다. 1~2학년은 '한글 책임 교육'이 강조되어 한글 학습 시간이 늘어났고, 가정에서도 한글 학습을 많이 교육하고 있습니다. 학교에서는 1학기에 연필 잡기, 자음과 모음, 한글의 기초를 학습하고 2학기에는 어려운 겹받침을 학습하여 한글 교육을 마칩니다. 가정에서 한글 교육을 할 때 교육부와 지자체에서 무료로 배포하는 한글책임교육 지원 프로그램인 〈찬찬한글(k-basics.org)〉, 〈아이좋아1학년한글(gne. go.kr)〉, 〈한글 또박또박(ihangeul.kr)〉, 〈트멍배움한글쓰기(office.jbedu. kr)〉 등을 이용하면 좋습니다.

학년별, 교과목별 배워야 하는 내용과 자세한 교육과정은 'NCIC 국가교육과정 정보센터(ncic.re.kr)'에서 확인할 수 있습니다.

7 단계

입학 전 선 긋기로
운필력을 길러요

한글 쓰기의 기초는 굽은선, 사선, 지그재그, 직선 등을 자유자재로 그리는 것에서 시작됩니다. 다양한 선 긋기는 초중고 학습에 밑바탕이 되는 활동이기 때문에 충분히 연습해야 합니다.

교실에서 여러 아이의 글씨를 비교해 보면 운필력이 있는 아이들의 글씨가 눈에 띕니다. 글짓기 대회에서 심사를 할 때도 또박또박 힘 있게 쓴 글씨가 먼저 눈에 들어옵니다. 손에 힘을 길러서 바른 글씨를 쓰는 것은 모든 공부의 기초가 됩니다.

운필력이란 간단히 말해서 연필을 잡고 쓸 수 있는 손의 힘을 말합니다. 학교에 입학하면 간단한 색칠부터 선 긋기, 글씨 쓰기 등 손으로 연필을 잡고 쓰는 활동을 많이 합니다. 이때 아이들이 "선생님 손 아파요.", "선생님 힘들어요."라는 말을 합니다. 반대로 운필력이 좋은 학생들의 글씨나 그림은 깔끔하고 전달력이 있습니다. 그 덕분에 완성도도 높아 보입니다.

다양한 선 긋기 예시

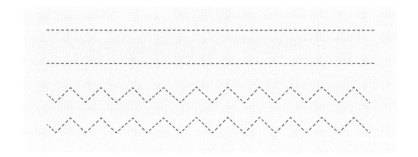

　소근육이 발달된 아이는 운필력도 좋습니다. 소근육 발달을 돕는 활동으로는 수저로 밥 먹기, 단추 잠그기, 그림 그리기, 가위질하기 등이 있습니다.

　글자 쓰기는 12년 학습의 기초로 이것이 약하면 앞으로의 학습이 힘들어집니다. 앞에서 설명한 선 긋기 활동을 통해 운필력을 꼭 길러주셔야 합니다. 위에서 아래로, 아래에서 위로, 왼쪽에서 오른쪽, 오른쪽에서 왼쪽으로 다양하게 선 긋기 연습을 하면 운필력이 길러집니다.

　색연필로 선 긋기를 하면 색감 능력도 함께 길러집니다. 학교 교과서에도 색연필로 선을 그려 보는 활동이 나옵니다. 손의 힘을 자유자재로 조절해서 진하거나 연하게 글 쓰는 연습을 해 줘야 합니다.

　보통 학교에서는 무지 종합장을 반으로 한 번 접고, 한 번 더 반으로 접어서 한 면을 4칸으로 나눈 뒤 1칸에 1줄씩 다양한 도구로 여러 가지 모양의 선 긋기 연습을 합니다. 가정에서도 쉽게 할 수 있는 활동이라 꼭 해 보기 바랍니다.

입학 전에 한글을 떼야 할까요?

1학년 국어 학습은 바른 자세로 말하고 듣는 것부터 시작합니다. 이외에 글자나 낱말, 문장 읽기와 쓰기, 문장 부호를 배우고 짧은 글이나 말놀이를 통해서 한글을 차근차근 배우며 말의 재미를 느끼는 활동을 합니다. 따라서 무조건 입학 전에 한글을 떼야 한다는 압박감을 가질 필요는 없습니다.

다만 1학년을 지도해 본 결과 1학년 교실 정원을 25명 정도로 잡았을 때 한글을 모르는 미해득 학생은 2~3명 정도 됩니다. 나머지 친구들은 한글을 어느 정도 읽고 쓸 줄 아는 상태이기 때문에 교과서를 읽거나 교과서 속 질문에 대답을 적을 수 있습니다. 따라서 초등학교 입학 전까지 기본적인 자음, 모음을 알고 '아기', '사자', '나비', '가방', '학교에 갑니다.' 정도의 간단한 문장은 읽고 쓸 줄 아는 것이 아이들에게 좋다는 생각은 들었습니다.

한글 학습을 시작해야 하는 적기는 아이가 지나가다 "저건 무슨 글자

예요?" 하며 글자에 관심을 가질 때입니다. 이때 여러 가지 놀이를 통해 재미있게 한글 공부를 시작하면 좋습니다. 〈2022 개정 교육과정〉에도 한글을 재미있게 배우는 단원이 있습니다. 한글 공부를 할 때는 긍정적인 공부 정서를 만들어 주는 것이 좋습니다. 따라서 정확성을 강조하는 것보다 재미있게 한글 공부를 하는 데 의의를 두세요.

가정에서 엄마표 한글 공부를 할 수 있는 놀이를 알려드릴게요.

── ① 한글 카드 놀이

한글을 배울 때는 '낱글자 카드', '통글자 카드'를 함께 이용하면 좋습니다. 거실 한쪽 벽에 사물 그림을 붙여 놓고, 그 아래 그림에 맞는 글자를 붙여 둡니다. 낱글자 카드로 '우유'와 같은 간단한 단어도 만들어 보고 읽어도 봅니다.

글자 카드 활동이 익숙해지면 엄마와 함께 종이를 오려서 한글 모양을 만들어 보는 것도 좋습니다. 가위질을 하면 소근육 발달을 높이고 한글 학습을 동시에 잡을 수 있는 좋은 활동입니다. 주변에 있는 사물을 조합해 한글을 만들어도 좋습니다.

── ② 메뉴판 만들기

한글을 모르는 아이도 과자나 유행하는 만화 카드 등 자기가 좋아하는 것은 기억을 잘합니다. 전단지에서 아이가 좋아하는 과자의 이름을 오려서 메뉴판으로 만들고 아이와 함께 한 글자 한 글자 짚어 가면서 읽어 봅니다. "글자 '가'는 이렇게 생겼는데 전단지에서 '가'를 찾아보자."라고 미션을 주고, 집중력을 발휘해서 전단지, 잡지, 신문에서 글자 찾기 놀이를 해 봅니다. 저는 아이들과 전단지에서 오린 음식 글자를 가지고 마트 장 보기 놀이, 밥상 차리기 놀이로 연결했습니다.

─── ③ 편지 쓰기

글자를 어느 정도 익혔다면 편지를 주고받아 보세요. 한글 확장에 큰 도움이 됩니다. 제 딸도 7살에 한글 실력이 확 늘었는데 그 당시 유치원에서 편지 쓰기 놀이가 유행했습니다. 하원하고 집에 와서 친구 2~3명에게 반복해서 '안녕? 난 ○○이야. 내일 같이 놀래?' 정도의 짧은 편지를 쓰기 시작하더니 7살 졸업식 무렵에는 긴 편지를 써서 주고받았습니다.

가정에서 활용할 수 있는 무료 한글 부교재

가정에서 활용할 수 있는 무료 한글 부교재도 함께 추천해 드릴게요. 교육부와 각 시도 교육청에서는 학생들의 한글 학습을 돕기 위한 부교재를 무료로 배포하고 있습니다. 1학년 한글 지도를 할 때 가장 도움을 많이 받았던 교재들입니다.

 ① 찬찬한글
'국가기초학력지원센터(k-basics.org)'에서 제공하는 초등학교 1학년 국어 교재입니다.

② 아이좋아1학년한글
'경상남도교육청(gne.go.kr)'에서 초등학교 1학년 입학초기 적응 교육을 위해 나눠주는 자료입니다.

 ③ 트멍배움한글쓰기
'전북특별자치도진안교육지원청(office.jbedu.kr)'에서 코로나 19로 인한 초등 1~2학년을 대상으로 한 원격 수업 학습자료입니다.

9
단계

입학 전에 수학 공부를
해야 할까요?

초등학교 1학년 수학에서는 1부터 100까지 수를 배웁니다. 많은 아이가 100까지 수를 익히고 입학하기 때문에 수업 시간에 어려움을 겪는 아이들은 거의 없습니다. 만약 아이가 아직 숫자를 세지 못한다면 입학 전에 수 개념을 알려 줘야 합니다.

숫자 세는 방법으로는 '일(一)', '이(二)', '삼(三)'처럼 한자어가 있고, '하나', '둘', '셋'처럼 한글로 세는 방법이 있습니다. 아이에게는 이 2가지 방법을 모두 알려 줘야 합니다. 오름차순으로 1부터 100까지 올라갔다면 내림차순으로 100부터 1까지 거꾸로 세는 연습도 충분히 해줍니다.

1~100까지 수 개념이 확립되고 난 이후 0의 개념도 설명해 주어야 합니다. 아이들은 보통 숫자는 1부터 시작한다고 생각합니다. 이럴 때 "초콜릿이 1개 있는데, 1개를 먹어 버리면 어떻게 될까? 그 상태는 숫자로 어떻게 표현하지?"라며 질문해 주세요. 0의 개념을 실생활과 연결

시켜 접하게 해 줘야 합니다.

0부터 100까지의 수를 자유자재로 다룰 수 있다면 뛰어세기에 도전해 봐도 좋습니다. 뛰어세기란 곱셈의 기초가 되는 활동인데 둘씩 뛰어세기 '2-4-6-8-10', 셋씩 뛰어세기 '3-6-9-12-15' 등의 활동을 통해 같은 수를 반복해서 더해 보는 연습을 합니다. 이는 동수누가(같은 수를 반복해서 더하는) 곱셈의 기초가 되는 활동입니다.

입학 전에 합과 차가 20 내외인 간단한 덧셈 뺄셈을 익히고 가는 것이 좋습니다. 답이 세 자릿수가 넘어가는 복잡한 수의 덧셈이나 뺄셈은 미리 배울 필요는 없습니다. 덧셈, 뺄셈을 '1+2=3'처럼 문제 풀이를 위한 방식으로 익히는 것은 좋지 않습니다. 초등학교 저학년 수학은 '산수보다는 국어'라는 말이 있을 정도로 문제 이해에 주력해야 합니다. 예를 들어 '5개의 초콜릿이 들어 있는 초록 바구니와 3개의 초콜릿이 들어 있는 파란 바구니가 있다. 초록 바구니와 파란 바구니 속에 들어 있는 초콜릿의 차이는 몇 개일까?'라는 문제에 답을 할 수 있으려면 아이는 '-'를 뜻하는 말에는 '빼기'에 '덜어내기' 혹은 '가져가기'의 뜻도 알아야 하고, 두 양의 '차이'를 나타내는 뜻도 있다는 것을 알아야 합니다.

수학을 잘하려면 덧셈, 뺄셈의 기본 개념을 이해할 때까지 다양한 방식으로 문제 해결 능력을 키워 주는 것이 필요합니다. 요즘 수학적 문해력이라는 말이 유행하듯이 국어뿐만 아니라 수학을 위해서도 책을 많이 읽어야 합니다.

앞에 나온 문제에서 뺄셈이 단순히 적은 양을 뺀다는 것이 아니라,

두 수의 차이임을 알게 하면 아이들의 계산이 빠르고 쉬워집니다. 가령 '17-14'가 두 수의 차이임을 이용하면 두 수에 3씩 더해서 '20-17'로 쉽게 계산할 수 있습니다. 연산 학습 이전에 중요한 것은 연산기호의 의미를 정확하게 이해하는 깃입니다.

1학년 중에는 손가락 덧셈을 하는 아이들이 제법 있습니다. 손가락을 쓰는 것은 덧셈의 기본 원리입니다. 이때 손가락을 쓰지 못하게 하면 아이들은 몰래 손가락 덧셈을 하거나, 덧셈 자체에 흥미를 잃을 수 있습니다. '1학년 1학기 동안에는 손가락 덧셈을 해도 셈의 원리를 몸으로 익히고 있구나~' 하며 내버려 두어야 합니다.

손가락 등의 구체물을 이용해 덧셈을 하던 아이들은 자신만의 원리를 터득하여 암산을 하게 됩니다. 손가락 계산을 충분히 했는데도 아이가 연산의 원리를 파악하지 못한다면 10의 보수를 이용해 덧셈이나 뺄셈을 쉽게 하는 방법을 알려 주는 등 도움을 줘야 합니다. 예를 들어 '5+8'을 계산할 때 무조건 13이라고 알려 주는 것이 아니라 "5에서 2를 8에게 빌려주면 10이 되네? 그럼 5에서 2를 빌려주고 난 나머지만 10에 더해 주면 얼마지?" 하고 계산의 원리를 알려 줍니다.

초등학교 수학은 연산이 매우 중요합니다. 그래서 저도 제 아이들에게 다른 공부는 안 해도 매일매일 연산 문제집 1쪽씩은 꼭 풀라고 강조합니다. 연산은 반복 학습이 중요하므로 매일 꾸준히 해야 합니다. 단, 많은 양을 매일 공부할 필요는 없습니다. 오히려 너무 많은 양을 공부하면 시험을 볼 때 대충 보고 푸는 경향이 있어서 쉬운 문제도 실수로 자주 틀리게 됩니다. 양보다 연산의 원리를 이해하고 꼼꼼하게 계산하는 것이 중요합니다.

초등학교 연산 문제집은 거의 비슷한 형식으로 잘 나와 있습니다. 〈소마셈〉, 〈기탄수학〉, 〈원리셈〉, 〈하루 한장쏙셈〉 중에 우리 아이에게 맞는 문제집을 골라 공부하면 됩니다. 무료 학습지로 연산 공부를 해도 좋습니다. 교사들도 유용하게 사용하는 무료 연산 문제집 출력 사이트를 알려드릴 테니 적극 활용해 보세요.

──── ① 일일수학(11math.com)

'일일수학' 사이트에서 [연산문제지]를 클릭하세요. 학년, 학기, 원하는 연산 진도를 선택한 뒤 출력하면 됩니다. A가 세로셈 형식이고, B가 가로셈 형식인데 저는 B형식으로 해 보는 걸 추천합니다. 요즘은 세로셈 형식보다 가로셈 형식으로 문제를 제시한 뒤에 학생이 다양한 방법으로 계산해 보도록 하는 추세입니다. 세로셈으로 바꾸어 계산하는 것은 아이가 바꾸어서 시도해 볼 일입니다.

──── ② AI매일수학(dmath.i-scream.co.kr)

매일수학도 마찬가지로 전체 학년 연산 문제를 무료로 풀 수 있습니다. 'AI매일수학' 사이트에서는 기본 연산도 있지만 여러 단원을 섞을 수 있는 혼합 연산도 있습니다.

──── ③ 똑똑! 수학탐험대(toctocmath.kr)

교육부에서 개발한 '똑똑! 수학탐험대'는 학생들이 교과서 수학을 쉽고 재미있게 학습할 수 있도록 부교재와 다양한 활동 자료를 무료로 제공합니다. 이 교재는 학교에서도 부교재로 활용합니다. 회원가입만 하면 무료로 이용할 수 있는 콘텐츠가 많으니 아이와 함께 이용해 보세요.

10
단계

입학 전에 시계 보는 법을
알려 주세요

학교에 입학한 아이들은 시계를 보고 스스로 매 교시, 쉬는 시간, 점심시간 등을 챙겨야 합니다. 따라서 가정에서 미리 시계 보는 법을 알아 오면 좋습니다.

초등학교 1학년 수학 시간에도 시계 보는 과정이 있습니다. 1학년 수학에서 아이들이 가장 어려워하는 내용 중 하나가 시계 보기입니다. 1학년 수학 시간에서 배우는 시계 보기에서는 시간과 30분의 개념을 다룹니다.

시계 보는 법은 책상에 앉아서 책으로 배우는 것보다 생활 속에서 자연스럽게 가르쳐야 아이들이 이해하기 쉽습니다. 아이에게 시계 보는 법을 가르치겠다고 마음먹었다면 숫자가 크게 써 있는 벽시계를 방에 걸어 두는 것이 좋습니다. 또는 아이가 좋아하는 캐릭터가 그려진 손목시계를 사 줘서 아이의 배움 의지를 북돋우는 것도 방법입니다.

시계가 준비되었다면 아이와 함께 시곗바늘을 돌리며 시계의 작동 원리를 알려 줍니다. 초침이 한 바퀴 돌면 분침이 한 칸 움직이는데 그 시간이 1분이라는 것, 분침이 한 바퀴 돌면 시침이 바로 옆 숫자로 움직이는데 그 시간이 1시간이라는 것을 알려 줍니다. 이렇게 시침이 24바퀴 돌면 하루가 지난다는 것도 알려 줍니다.

시계의 원리를 알려 준 다음에는 아이에게 해야 하는 일과 시간을 알려 줍니다. "유치원 가는 시간은 9시 30분이지 짧은 바늘이 9와 10 사이에 있고, 긴 바늘은 6에 있네. 집에 오는 시간은 3시지? 이때는 짧은 바늘이 3에 있고, 긴 바늘이 12에 있네."라고 자세히 알려 줍니다.

「수학 익힘」에는 시계 그리는 활동이 등장합니다. 1시 30분을 그릴 때는 시침이 1과 2의 중간에 향하게 그린다는 점을 강조해서 알려 줘야 합니다. 보통 아이들이 시침이 1에 정확하게 오도록 그려서 틀리는 경우가 많습니다. 이 학습은 모형 시계를 직접 돌려 보면서 1시에서 2시가 되어 가는 과정에서 짧은 바늘의 변화를 살펴보게 하면 쉽게 이해합니다. 오늘은 아이와 함께 시계를 직접 돌려 보며 일과와 각각의 시간을 기록해 보고, 짧은 바늘과 긴 바늘이 어디에 위치하는지도 함께 확인해 보세요.

11 단계

입학 전에 소근육 활동 시간을 늘려 주세요

초등학교 1학년은 국어와 수학 과목을 제외하고는 모든 과목이 주제별 통합교과 시간으로 이루어져 있어요. 그래서 대부분 만들기, 그리기 수업을 합니다. 이때 아이가 가위질, 색종이 접기, 색칠하기 등을 잘하지 못하면 수업 시간 내에 작품을 완성하지 못하는 일이 발생합니다. 이런 상황이 반복되면 아이는 무언가를 만들고 그리는 데 자신감을 잃는 경우가 많습니다. 따라서 입학하기 전에 미술 활동을 할 때 필요한 기본 능력을 충분히 연습해 보기 바랍니다.

──── ① 가위질 연습하기

1학년은 가위로 종이를 오리는 활동을 가장 많이 합니다. 교과서에 나온 카드를 오리기도 하고 만들기 책에 있는 테두리를 따라 오려보기도 하지요. 그래서 가위질을 필수로 연습해야 합니다.

처음 가위질을 연습할 때는 유아용 가위로 연습해 보세요. 어느 정도 익숙해지면 일반 가위를 사용해 보세요. 유아용 가위는 잘 잘리지 않고 잘린 면이 깔끔하지 않아서 학교에서는 잘 사용하지 않거든요.

─── ② 풀칠 연습하기

풀칠에 익숙하지 않은 아이들은 책상에도 풀을 칠해 교과서와 공책에도 묻어 서로 붙어버리는 상황이 발생합니다. 입학 전이나 후에 내가 붙일 종이에서 엄지손톱만큼 여유를 둔 뒤 안쪽으로만 풀을 칠하는 연습을 하면 난감한 상황을 피할 수 있겠죠. 아이가 풀칠 연습을 힘들어하면 부모님이 점선을 그어 풀칠해야 하는 부분을 알려 주세요. 풀칠 연습에는 고체형 딱풀을 이용하는 게 좋습니다.

─── ③ 종이접기 연습하기

1학년 아이 중에는 종이접기를 금방 따라 하거나 짧은 시간 동안 2~3개의 작품을 만들어 내는 아이들이 있고, 반대로 첫 단계부터 헤매는 아이들이 있습니다.

종이접기는 순서를 읽고 차례대로 해 나가는 코딩 과정으로 다양한 학습 효과가 많습니다. 1학년 교과서에도 다양한 종이접기 활동이 나옵니다. 종이접기는 틀에 박힌 방법을 알려 주기보다 "나만의 종이접기 비법을 하나씩 얘기해 볼까? 종이 한쪽을 다른 손으로 누르고 접으면 정확하게 반을 접을 수 있어."라는 식으로 아이가 스스로 잘 접는 법을 생각할 수 있도록 도와주세요.

입학 전에 기초생활습관을
잡아 주세요

입학 초기 학부모 상담을 하면 기초생활습관에 대해 많이 이야 기하게 됩니다. 기초생활습관을 가르치다 보면 아이들과 끊임없이 싸우게 되지요. 유치원에 다닐 때까지만 해도 예쁘고 사랑스럽기만 하던 우리 아이인데, 초등학교에 들어감과 동시에 칭찬할 일보다 혼낼 일이 더 많아집니다.

아이들의 기초생활습관은 초등학교에 입학하자마자 교사가 단기간에 말로 가르칠 수 없습니다. 가정에서 꾸준히 지도해야 하기 때문에 5~7세인 미취학 때부터 꾸준히 기초생활습관을 만들어 주면 부모와 아이 간의 갈등을 줄일 수 있습니다.

── ① 내 물건 스스로 챙기기

학교에 다니면 스스로 알림장을 보고 등교 준비를 해야 합니다. 하지만 1학년이 되자마자 갑자기 "이제 혼자 해 보는 거야."라며 습관을 들이려고 하면 잘되지 않습니다.

입학하기 전에 엄마와 아이가 하는 '알림장 놀이'를 통해서 물건을 하나씩 스스로 챙겨 보는 연습을 해 봅니다. 밤잠에 들기 전에 '책 1권 읽기', '내일 줄넘기를 할 수 있게 챙겨 놓기' 등의 미션을 줍니다. 그리곤 자녀가 확인하고 스스로 챙겨 볼 수 있도록 메모해 둡니다. 이런 습관을 꾸준히 연습하다 보면 아이는 스스로 준비물을 알림장에 적고, 자기 전에 미리미리 챙기는 습관을 들일 수 있습니다.

학교생활이 시작되면 알림장은 반드시 그날 확인하고 전날에 준비물을 미리미리 챙기도록 합니다. 당일 아침에 등교 준비를 하다 보면 허둥지둥 바빠서 놓치는 것들이 많습니다.

물건을 미리 챙기는 것도 중요하지만 내 물건을 잊어버리지 않고 소중하게 다루는 태도도 중요합니다. 요즘 아이들은 자기 연필이 떨어진 걸 봐도 줍지 않고 "또 사면 돼요!"라고 말합니다. 교실 바닥에 굴러다니는 물건들을 분실물 바구니에 넣어 놓고, 보름마다 한 번씩 바구니를 비우는데도 바구니는 늘 꽉 차 있습니다. 물건을 잃어버리는 것이 그저 또 사는 문제가 아니라 내가 물건의 주인이기 때문에 잘 챙겨야 하는 것이라고 알려 주어야 합니다.

── ② 정리하기

사물함, 책상 서랍에 물건과 책을 마구 구겨 넣어 책이 구겨지고 각 과목의 교과서를 찾지 못하는 아이가 많습니다. 반에 1~2명씩 있는 것이 아니라 반 이상의 아이들이 정리를 못합니다.

정리 연습은 가정에서부터 해 줘야 합니다. 가정에서 아무렇게나 물건을 던져 놓던 아이들이 학교에 와서 갑자기 정리를 잘하는 아이들로 바뀔 수 없습니다. 가정에서는 "가방은 책상 옆 가방 고리에 걸어서 떨어지지 않게 해 놓자.", "다 푼 문제집은 꽂혀 있던 책장에 차례대로 잘 넣자."라는 식으로 물건의 정리 위치와 방법을 구체적으로 알려 줘야 합니다.

가장 좋은 방법은 가정에서 부모님이 솔선수범하여 정리하는 모습을 보여 주는 것입니다. 엄마와 아빠는 물건을 휙휙 던져두고 쌓아 놓으면서 아이에게만 정리하라고 하는 것은 와닿지 않습니다. 엄마와 아빠부터 물건을 제자리에 정리하는 습관을 보여 주어야 합니다.

③ 집안일 함께하기

8살은 간단한 집안일은 혼자 할 수 있는 나이입니다. 빨래 개기부터 신발장에 신발 정리하기, 밥 먹은 그릇 정리하기, 식사 준비하기, 분리수거 등 함께 할 수 있는 집안일은 생각보다 많습니다. 하지만 대부분 부모님은 아이와 함께 집안일을 하게 되면 시간이 오래 걸려서 아이들이 없는 시간에 혼자 하지요.

아이들은 집안일을 매우 좋아합니다. 게다가 아이에게 좋은 효과를 줄 수 있어요. 예를 들어 아이에게 분리수거를 맡기면 아이는 분리수거를 하는 일뿐만 아니라 환경에 대해 자연스럽게 생각하게 됩니다. 도움을 받지 않고 분리수거를 잘 하면 부모님에게 칭찬을 받게 되고, 자연스럽게 자존감 향상에 긍정적인 영향을 미치게 됩니다. 아주 간단한 집안일을 아이에게 전담한 뒤 잘 해내면 칭찬을 많이 해 주세요.

―― ④ 일찍 자고 일찍 일어나기

직년 1학년 담임을 했을 때의 일입니다. 아침 자습 시간에 매일 헤드뱅잉을 하며 조는 아이가 있었습니다. 앞뒤 친구들이 흔들어 깨워도 일어나지 못했습니다. 일찍 자야 졸지 않는다고 몇 번을 강조해서 말했지만 진전이 없었고, 끝내 부모님에게 전화를 하게 되었습니다.

문제는 핸드폰이었습니다. 학부모님은 입학 후 핸드폰을 가지게 된 아이가 매일 밤 게임을 하느라 12시가 다 되어도 잠을 자지 않는다고 했습니다. 저는 학부모님에게 즉시 아이의 핸드폰 사용을 중단시키고, 8시 이후에는 책을 읽거나 학교 숙제를 하게 해 달라고 부탁드렸습니다.

초등학생 1학년은 보통 밤 10시에는 잠들어서 아침 7시 30분 전후로 일어나야 합니다. 규칙적으로 충분한 수면을 가지는 것은 건강한 생활습관의 기본입니다. 일찍 자고 일찍 일어나야 학교생활도 잘하고 교우관계도 원활히 할 수 있습니다.

―― ⑤ 아침밥 먹기

1학년 담임을 하면서 학부모 총회에서 꼭 말씀드리는 것이 있습니다. 바로 '아침밥 먹고 오기'입니다. 학생들을 대상으로 설문조사를 해 보면 절반 이상의 아이들이 시리얼, 핫도그, 사과 등으로 간단히 먹거나 아예 먹지 않는다고 합니다.

학교는 어린이집이나 유치원과는 다르게 점심시간이 되기 전에 오전 간식이 따로 나오지 않습니다. 그래서 아침을 먹고 오지 않으면 공복인 상태로 4교시 수업을 듣게 됩니다. 학교 수업은 40분을 앉아서 국어, 수학, 통합교과 등의 교과목을 배우는 시간입니다. 두뇌활동이 활발하게 이루어지며 에너지 소모도 많이 되지요. 아이의 활기찬 학교생활과 집중력을 위해서 아침 식사를 꼭 챙겨 주세요. 밥과 간단한 반찬 정도면 충분합니다.

─── ⑥ 골고루 먹기

1학년 아이들은 편식을 많이 합니다. 예전에는 학부모님이 "우리 아이 편식 좀 고쳐 주세요."라며 쪽지를 보내는 경우도 종종 있었습니다. 하지만 요즘은 오히려 "우리 아이가 편식을 합니다. 먹기 힘들어하는 음식은 먹이지 말아 주세요."라고 쪽지를 보냅니다. 사실 저도 학부모이기에 후자의 마음이 이해가 갑니다. 요즘 좋은 영양제도 많이 나왔고, 꼭 싫어하는 음식으로 영양소를 채워야 할 필요가 없으니 아이가 좋아하는 음식을 먹게 하는 것이 맞다고 생각합니다. 그래도 아이들이 시도도 하지 않고 음식을 버리려고 할 때나 배식을 거부할 때는 "한 번씩은 먹어 보자.", "먹어 보고 못 먹겠으면 그때 버리자."라고 이야기합니다.

실제로 못 먹겠다고 하던 음식을 코를 막고 한 번 먹어 보더니 "선생님! 저 이거 오늘 처음 먹어 봤는데 왜 이렇게 맛있어요?"라는 아이들이 많습니다. 이렇게 단체생활을 하다 보면 아이들의 식습관이 개선되는 경우가 있습니다. 가정에서도 학교에 입학하기 전에 "한 번은 먹어 보자."라고 하여 아이가 다양한 음식을 접하고 도전할 수 있도록 격려해 주세요.

── ⑦ 배변 교육하기

1학년이 되면 스스로 화장실에 가서 배변 처리를 해야 합니다. 유치원이나 어린이집과 다르게 교사가 함께 동행하거나 배변 처리를 도와주지 않습니다. 그래서 각 가정에서는 입학하기 전에 아이들에게 배변 교육을 가르쳐야 합니다. 마냥 아이 같아 보여 이 교육을 뒤로 미루면 결국 입학할 때까지 스스로 배변 처리를 못하고 혼자 화장실에서 당황하게 됩니다. 처음에 아이가 스스로 배변 처리를 하면 속옷에 용변이 묻을 수 있습니다. 하지만 반복해서 연습하다 보면 금방 익숙해집니다.

배변 처리를 가르칠 때는 엄마가 먼저 시범을 보여 주며 아이에게 자세히 설명해 줘야 합니다. 보통 학교에는 비데가 없으니 휴지로 앞에서 뒤로 처리하는 방법을 교육해 주세요.

생각보다 많은 아이가 화장실 때문에 학교 가기 힘들다고 말합니다. 화장실에 혼자 가는 것이 싫어서, 뒤처리를 제대로 할 용기가 나지 않아서 등의 이유로 학교 화장실을 이용하지 못합니다. 제가 담임을 맡았던 1학년 아이 중 한 명은 학교 화장실을 이용하기 싫어서 하교할 때까지 소변을 참다가 집에 가서 소변을 보는 행동을 반복해 병원 진료를 받기도 했습니다. 이 아이는 심리적인 부분을 해결해 주니 학교 화장실을 사용할 수 있게 되었습니다. 아이들이 3월에 겪는 문제 원인 대부분은 심리적인 문제가 많습니다. 화장실 교육도 사전에 여러 번 연습해서 익숙해질 수 있도록 가정에서 도와주세요.

⑧ 예의범절 가르치기

지난 10여 년의 교육현장을 돌아볼 때 학교와 우리 주변에서 '예의 범절'이 사라지고 있다는 게 느껴집니다. 우리 아이의 자존감 키우기가 1순위가 되어 교육 방향을 맞추다 보니 시간이 갈수록 자존감은 높아 지는데 예의는 반비례해서 낮아집니다. 둘의 관계가 하나를 얻으면 하 나를 포기해야 하는 관계가 아닌데도 그렇습니다. 그래서 자존감이 넘 치면서도 예의가 바른 학생은 학교에서 톡 튀는 아이가 됩니다.

요즘 아이들은 학교에서 마주치는 어른에게 인사를 거의 하지 않습 니다. 담임 선생님에게도 인사를 제대로 안 하는데 다른 선생님들과 마 주쳐도 쌩하고 지나가기 일쑤입니다. 예의범절을 가르치는 가장 좋은 방법은 교사와 부모가 솔선수범하여 인사를 잘하는 것입니다. 저는 아 이들과 학교 탐방을 할 때 마주치는 선생님과 어른에게 큰소리로 공손 하게 인사를 합니다. 그러면 아이들은 모두 따라 합니다. "어른 보면 무 조건 인사해야지."라는 말뿐인 교육은 이제 아이들에게 통하지 않습니 다. 물론 말하지 않는 것보다 반복해서 이야기해 주는 것이 좋지만, 어 른이 먼저 솔선수범하는 것이 가장 좋은 방법입니다.

13 단계

기초생활습관은
이렇게 가르쳐 주세요

가정에서 기초생활습관 지도를 하기에 앞서 꼭 알아 두어야 할 것이 있습니다. 아이마다 생활습관이 형성되는 시간이 다릅니다. 어떤 아이는 단기간에 빠르게 습관이 형성되지만 아주 오랜 시간을 걸쳐서 습관이 형성되는 아이들도 있습니다.

생활습관 교육은 어쩌다 한 번 이야기하고 어쩌다 한 번 해 보는 것으로 되지 않습니다. 우리가 매일 밥을 먹는 것처럼 습관이 될 때까지 반복해서 지도해야 합니다. 우리 아이들은 명령어를 입력하면 한 번에 실행하는 컴퓨터가 아닙니다. 어른도 어떤 일을 습관으로 만들기 위해서는 오랜 시간이 필요합니다. 그러니 올바른 생활습관을 만들기 위해서는 매일 일부러 공부하듯 시간을 정해서 연습하는 게 좋습니다.

생활습관 만드는 일을 돕기 위해서 '체크 리스트'를 활용할 수 있습니다. 체크 리스트의 기간을 설정할 때는 장기목표를 잡는 것보다 일주일 단위의 단기목표를 설정하는 것이 좋습니다. 체크 리스트의 목표도 최대한 작은 단위로 설정하고 완벽하지 않아도 열심히 노력했다면 성 공했다고 봐야 합니다. 체크 리스트를 달성했을 때 주는 보상은 소소한 상품이나 부모와 함께하는 활동으로 하는 것이 좋습니다. 다만 보상이 점점 커지면 안 됩니다.

예시로 '일찍 자기'에 대한 생활습관 만들기를 알려드리겠습니다. 요 즘 들어 부쩍 아이들의 수면 시간이 늘어지기 시작했습니다. 10분만, 20분만 하던 게 1시간이 되고 어느 날은 11시가 다 되어 잠들기도 합 니다. 그러다 보니 자연스럽게 기상 시간도 늦어져서 9시가 넘어서야 겨우 일어납니다. 대부분 등교는 아침 8시 30분까지 해야 하고, 어린이 집이나 유치원처럼 오전 간식도 주지 않기 때문에 든든하게 아침밥을 먹고 가려면 7시 30분 전후로 일어나야 합니다. 아침 자습 시간 교실 풍경을 보면 꼭 졸고 있는 학생들이 있습니다. 늦게 잠들면 학교에서 졸게 되고 활동에 효율이 떨어집니다. 그래서 저는 잠자는 시간을 고정 해 두고 꼭 지키기로 했습니다.

잠이 많아서 11시간 정도는 푹 자야 하는 딸아이와 함께 이야기를 나누고 매일 9시에 불을 끄기로 약속했습니다. 그리고 2주간 실천할 수 있는 실천 계획표를 만들고 옆에 칭찬 스티커도 붙여 두었습니다. 보상을 함께 정하고 매일 정해진 시간에 잠자기를 연습했습니다. 잠자 는 시간이 정해지니 아이가 제한된 시간 안에 할 일을 마무리하는 연 습까지 자연스럽게 됐습니다. 시간 관리 능력은 학교생활에서 꼭 필요 한 능력입니다. 첫날은 9시를 조금 넘겼지만 스스로 노력하려는 모습 이 대견해서 칭찬을 듬뿍해 주고 스티커를 붙여 줬습니다. 둘째 아이도

누나를 따라서 스티커 판에 스티커를 붙이고 열심히 참여했습니다.

물론 8시 30분부터 아이들에게 계속해서 시간 안내를 하고 우리가 정한 약속에 대해 이야기를 해 주는 과정은 쉽지 않았습니다. 하지만 취침 시간 고정은 꼭 해야 하는 일이었기에 포기하지 않고 2주간 밤 9시 취침을 지켰습니다. 그리고 한 달이 지난 오늘까지 아이들의 습관은 계속 지켜지고 있습니다. 나이가 어릴수록 습관 형성에 걸리는 시기가 짧아집니다. 기초생활습관 만들기에서 가장 중요한 건 '엄마와 선생님이 지치면 안된다는 것'입니다.

14
단계

기초생활습관 체크 리스트를 활용하세요

많은 예비 초등학생 학부모님은 입학 전에 아이에게 무엇을 가르쳐야 하는지 몰라 고민에 빠집니다. 아이와 함께 체크 리스트를 보며 스스로 할 수 있는 일에 색칠해 봅시다. 아이와 함께 어떤 부분이 준비되어 있는지, 입학 전까지 어떤 부분들을 더 노력해야 하는지 함께 알아보세요.

부족한 부분은 입학하기 전까지 차근차근 연습해 봅시다. 〈기초생활습관 개발표〉처럼 매일 실천할 일을 정해서 입학 하기 전 2주 동안 스스로 실천하고 체크해 보도록 합니다.

기초생활습관 체크 리스트

일찍 자고 일찍 일어나기
- 9시 전에 잠들고 8시 전에 일어나나요? ☐
- 해야 할 일을 끝내고 잠을 자나요? ☐
- 자기전까지 미디어를 보지 않나요? ☐

자기 물건 스스로 정리하기
- 자신의 물건에 이름을 쓰고 스스로 챙길 수 있나요? ☐
- 사용한 물건들을 스스로 정리하나요? ☐
- 책상 주변을 스스로 청소하나요? ☐

다른 사람에 대한 예절 지키기
- 올바른 인사 예절을 알고 있나요? ☐
- 웃어른에게는 높임말, 친구들에게는 고운 말을 사용하나요? ☐
- 친구들에게 내 의견을 분명히 전달하며 사이좋게 지내나요? ☐

정해진 규칙 지키기
- 자신과의 약속 또는 친구나 부모님과의 약속을 잘 지키나요? ☐
- 공부하는 시간과 놀이 시간을 정해서 시간을 보내나요? ☐

바른 화장실 이용 습관 기르기
- 화장실 사용법을 익혔나요(노크하고 들어가기, 배변 처리하기, 물 내리기, 문 닫고 나오기 등)? ☐
- 화장실을 이용할 때 스스로 옷을 벗고 입을 수 있나요? ☐

올바른 식사 습관 기르기
- 음식을 골고루 먹나요? ☐
- 식사 위생과 올바른 수저 사용법을 알고 있나요? ☐
- 식사 예절을 잘 지키나요? ☐

자기 생각 자신 있게 표현하기
- 상대방의 말을 귀 기울여 듣나요? ☐
- 하고 싶은 말은 또박또박 분명하게 말하나요? ☐

입학 전 학습 습관 기르기
- 연필을 바르게 잡고 글씨를 또박또박 쓸 수 있나요? ☐
- 30분 동안 바른 자세로 의자에 앉아 있을 수 있나요? ☐
- 주변에서 한글과 숫자를 찾아보며 관심을 갖나요? ☐
- 매일 책 읽는 습관을 가지고 있나요? ☐

기초생활습관 개발표

스스로 할 내용	참 잘했어요	보통	노력할게요	참 잘했어요	보통	노력할게요
일찍 자고 일찍 일어나기 기상(　　시　　분) 취침(　　시　　분)						
스스로 양치하고 세수하기						
스스로 공부할 준비하기						
책상에 바른 자세로 앉기						
6단계로 손 씻기						
골고루 식사하기						
스스로 정하기 (　　　　　　　)						
스스로 정하기 (　　　　　　　)						

참잘했어요	보통	노력할게요	참잘했어요	보통	노력할게요	참잘했어요	보통	노력할게요

책과 영상으로
자립심을 길러 주세요

학교에서는 스스로 해야 하는 일이 많습니다. 그래서 가정에서는 아이에게 초등학교에 가면 많은 일을 스스로 해야 한다는 걸 자주 이야기해 주고, 아이가 자립심을 키우는 데 도움이 될 책이나 영상을 보여 주면 좋습니다. 자립심을 키우는 데 도움이 될 도서로는 『리더십 학교가자(전52종)』(연두비, 연두비(전집), 2022), 『혼자서도 할 수 있어요』(노성두, 사계절, 2018)가 있습니다.

학교에서는 대부분의 일을 학생이 직접 선생님에게 말씀드려야 합니다. 따라서 아이가 입학하기 전에 자기 의사를 분명하게 표현할 수 있도록 가정에서 꾸준히 연습해 보고 용기를 주세요. 예를 들어 학교 우유 급식 시간에 우유갑 입구를 혼자 못 여는 아이라면 가정에서 먼저 우유갑 입구를 스스로 열어 보는 연습을 한 뒤 "선생님, 스스로 해 봤는데 잘 안 돼요. 도와주세요."라고 하고 도움을 받은 뒤에는 "감사합니다."라고 인사를 하는 연습을 시켜 보세요.

요즘 부모님들은 아이가 학교에서 힘든 일이 있었다고 얘기하면 무의식적으로 "엄마가 선생님에게 연락해 볼게."라고 이야기합니다. 하지만 이것은 아이의 자립심을 길러 주기에 좋은 방법이 아닙니다. 그럴 때는 "엄마와 집에서 연습했던 것처럼 네가 스스로 선생님에게 말씀드려 볼까?"라며 아이에게 해결 방법을 알려 주고 스스로 해결할 수 있게 도와주세요.

취학을 앞둔 아이들은 스스로 해 보려는 자립심이 강해지는 시기이기 때문에 긍정적인 자아 개념이 생길 수 있도록 많이 격려해 줘야 합니다. 부모님 눈에는 잘한 행동보다 간단한 일을 스스로 못하는 것이 더 크게 보입니다. 그래서 아이들이 스스로 우유갑을 열고 마셔도 "접을 때 조금 흘렸어. 이것만 고치면 되겠다."라며 아쉬운 행동을 지적하는 대화를 많이 합니다. 하지만 "와! 우유도 혼자 열어서 마시고, 접기도 할 수 있다니 대단하다!"라고 잘한 점을 찾아서 용기를 북돋워 주어야 합니다.

이 시기에는 결과보다 노력하는 태도와 과정이 중요하다는 것을 알려 주고 그 부분에 대해서 칭찬해 줘야 합니다. "포기하지 않고 끝까지 도전하다니! 정말 멋지다."라는 이야기를 많이 들려주세요. 그러면 아이들은 반복해서 연습하는 과정을 통해 초등학교에서 스스로 해야 하는 일들을 잘 해내게 됩니다.

16
단계

과도한 선행학습은 공부 정서를
망치는 길입니다

학교 현장에서 바라보고 있으면 '요즘 아이들의 학습이 잘못된 방향으로 가고 있는 것은 아닐까' 하는 걱정이 됩니다. 아이들은 공부를 해야 하는 이유, 공부를 하는 바른 태도를 배워야 합니다. 그런데 요즘 아이들은 기본 학습 태도나 공부 정서가 전혀 만들어지지 않은 채 많은 선행학습을 합니다.

저는 무슨 일을 해도 '기본'이 가장 중요하다고 생각합니다. 충실한 기본기를 가진 운동선수들은 어려운 상황에서도 게임을 잘 풀어 나갑니다. 기본기 없이 화려한 기술만을 모방하거나 익히려고 한다면 아무리 노력해도 밑 빠진 독에 물을 붓는 것과 같습니다.

제가 2학년 담임을 했을 때의 이야기입니다. 수학 시간에 '23-17'에 대한 설명을 하고 있었습니다. 다양한 뺄셈의 방법을 설명하고 있어서 가로셈, 세로셈, 앞의 수를 나눠서 빼기, 뒤의 수를 나눠서 빼기, 마지막으로 뺄셈은 두 수의 차이를 의미하기 때문에 '23'과 '17' 두 수에 3씩 더해서 '26-20'으로 만들어도 결과가 같다고 설명해 주었습니다. 그러자 반에서 수학을 꽤 잘하던 친구가 '23-17'은 무조건 세로셈으로 계산해야 한다고 주장했습니다. 뺄셈의 원리를 이해하고 잘 이용하면 바로 답이 나오는 문제를 무조건 세로셈으로 써서 계산해야 한다며, 학원 수학 시험에서 자신이 뺄셈 시험에서 1등을 했으니 자기 말이 맞다며 큰소리를 쳤습니다.

요즘 아이들 대부분이 이렇습니다. 모두가 미리 배워 온 1가지 방식만을 가지고 공부를 합니다. 같은 상황에서 '70-38'을 이야기해 보겠습니다. 이것도 70에서 40을 빼고 2를 더하면 금방 답이 나옵니다. 수학을 필요성에 의해 배운 학생들은 수를 자유롭게 가지고 놉니다. 저학년 아이들에게 '70-38'을 가르칠 때는 셈하는 방법을 가르치는 것이 아니라 바둑알 70개를 던져 놓고 38개를 빼라고 하는 것입니다. 그럼 아이들은 고민합니다. 그러다 10개씩 바둑알을 묶어 보고 이것저것 시도해 보면서 10개씩 4묶음을 먼저 빼고 2개를 더하는 방법을 터득하게 됩니다.

지금 우리 아이들이 배워야 하는 것은 '공부 방법'이 아니라, 이 공부를 왜 해야 하는지를 느끼는 '공부의 필요성'입니다. 아이들이 스스로 공부의 필요성을 느끼면 그때는 하지 말라고 말려도 문제 해결을 위해 끊임없이 고민합니다. 아이들은 기본적으로 배우고자 하는 욕구가 있습니다. 그 욕구가 느껴지기만 하면 그 순간부터는 부모님이 그만하라고 해도 푹 빠져서 합니다.

요리학원을 예로 들어 보겠습니다. 제대로 요리를 가르치는 학원은 양파는 어떤 역할을 하고 조리 기법에 따라 어떤 맛을 내는지, 어디에 사용할 수 있는지 등 재료에 대한 이해를 가르칩니다.

재료를 확실하게 이해한 사람은 양파, 떡, 닭으로 떡볶이도 만들어 보고 찜닭도 만들어 보고 백숙도 끓여 봅니다. 그런데 레시피만 가르쳐 주는 학원에서는 양파와 떡과 닭으로 할 수 있는 찜닭 레시피만 외우게 합니다. 그 학원에서 배운 사람은 찜닭 하나는 맛있게 할 수 있지만, 다른 재료를 활용해서 새로운 요리는 만들지 못합니다. 지금 우리 아이들이 이렇습니다. 우리는 아이들에게 무언가를 할 수 있는 재료와 기회만 주면 되는데 시작부터 레시피를 주며 그 레시피만 외워서 요리를 하라고 합니다.

본래 아이들은 도전을 좋아합니다. 지식을 응용해 보는 것을 좋아합니다. 재료의 특성과 다양한 조리 기법만 알려 준다면 기존 요리보다 더 맛있게 만들거나 새로운 요리를 만들어 낼 수 있는 게 아이들입니다. 우리가 초등학교 저학년 아이들에게 가르쳐야 할 것은 공부 방법이 아니라 '기본 학습 태도'입니다. 공부는 왜 해야 하는지, 영어가 우리 삶에 왜 필요한지, 수학이 왜 필요한지, 배운 내용을 꼼꼼히 살펴보는 것이 왜 중요한지를 이야기해 주세요. 학교에 입학할 때는 '미리 배워 온 아이'가 아닌 '배울 준비가 된 아이'로 입학할 수 있도록 해 주세요.

PART
02

부모와 아이가
함께 준비하는 입학식

1

입학식 준비물을 챙겨 보아요

입학식은 보통 1학기가 시작되는 3월 2일에 합니다. 3월 2일이 휴일이면 3월 4일 월요일에 입학식을 엽니다. 초등학교마다 입학식 날짜가 다를 수 있으므로 입학할 초등학교 홈페이지에서 입학 날짜를 한 번 더 확인해 보는 것이 좋습니다.

입학식 전에는 아이들의 반 편성 결과를 확인해야 합니다. 반 편성 통지 방법은 학교마다 다른데요, 보통 예비소집 시 안내해 줍니다. 주로 개별 문자나 홈페이지 공지를 통해서 통지합니다. 이때 우리 아이와 이름이 같은 동명이인이 있을 수 있으니 학생의 생년월일이나 보호자의 이름을 한 번 더 확인해 보세요.

학교에 따라서 입학식 날 기본 학습 준비물(연필, 지우개, 네임펜, 크레파스, 가위, 등)을 챙겨 달라는 안내장을 보내기도 합니다. 하지만 초등학교 입학식은 수업이나 일과를 진행하지 않고 1~2시간 이내로 담임 선생님과 친구들이 한 교실에 모여 인사를 나누고 헤어지는 경우가 대부분입니다. 그러니 입학식 때는 간단하게 실내화, 물병, 여분 마스크, 작은 물티슈 정도만 챙겨도 됩니다. 나머지 준비물은 학기가 시작된 후 준비물 안내장을 받은 뒤에 천천히 가지고 가는 것을 추천합니다.

대부분 학교에서는 입학식 당일부터 학교 안으로 들어가기 때문에 아이들은 미리 준비한 실내화로 갈아 신어야 합니다. 실내화는 별도의 안내가 없어도 잊지 말고 꼭 챙겨야 합니다.

입학식이 끝나면 담임 선생님에게 받은 가정통신문을 자녀와 함께 보며 등교 시 필요한 것들을 확인해 주세요.

입학식 참여하기

코로나 이후 학교에서 하는 모든 행사에 인원 제한이 거의 없어진 분위기입니다. 그래서 조부모님, 형제자매가 모두 와서 아이의 입학을 축하해 주기도 합니다.

종종 입학식에 꽃다발을 가지고 가도 되는지 묻는 분들이 있습니다. 제 경험상 입학식 때 꽃다발을 가지고 오는 분은 많지 않았습니다. 가지고 오더라도 인형과 꽃 한 송이로 꾸민 꽃다발 정도였습니다.

학교마다 입학식 소요 시간이 다르므로 입학식 당일은 일정을 여유롭게 계획해 두는 것이 좋습니다. 주로 10시경에 시작하여 짧게는 1시간, 길게는 3시간 정도 입학식을 진행합니다.

2단계

입학식엔 무슨 옷을 입고 가야 할까요?

입학식이니 정장을 입어야 하는지 화려하게 입어야 하는지 고민하고, 다른 사람은 무얼 입고 오는지 신경 쓰는 부모님이 많습니다. 하지만 막상 입학식에 참석하면 우리 아이만 보느라 정신이 없어서 학부모님들끼리 서로 뭘 입고 왔는지 잘 보지 못합니다. 그러니 옷을 너무 멋지게 차려입을 필요는 없습니다. 그냥 단정하고 깔끔하게 입으면 됩니다.

반대로 아이들에게는 서로의 첫인상을 결정하는 날이니 마냥 편한 복장보다는 평소보다 조금 더 신경 써서 입고 가는 게 좋습니다. 이때 주의할 점은 혼자 화장실을 갈 때 입고 벗기 편한 옷을 입어야 한다는 겁니다. 아이가 혼자서 화장실을 가고, 볼일을 보고, 배변 처리를 해야 하니 입고 벗기 불편한 멜빵바지나 꽉 끼는 옷, 등 뒤에 지퍼가 있는 옷 등을 입으면 아이가 당황할 수 있습니다. 화장실 이용에 불편한 복장은 피하고, 집에서 입학식 때 입을 옷을 입고 화장실에 가서 볼일 보는 연습을 시켜 줘야 합니다.

예전에 멜빵바지를 입고 온 학생이 급하게 화장실에 갔다가 멜빵을 푸르지 못해서 소변 실수를 한 적이 있습니다. 입고 벗기 불편한 옷을 입고 등교하게 된다면 스스로 입고 벗을 수 있을 때까지 충분히 연습시켜 주세요.

교실에는 어린이집, 유치원과 다르게 겉옷을 보관할 공간이나 옷걸이가 없습니다. 그래서 보통 겉옷은 의자 등받이에 걸어 두는데요, 이때 소매가 바닥에 질질 끌리게 걸어 두는 경우가 많습니다. 그래서 집에서 미리 겉옷을 의자에 걸고, 팔 부분을 의자 등받이 뒤로 모아서 정리하는 방법을 알려 주고 연습시키면 아이가 생활하는 데 도움이 됩니다.

아이들은 체육 수업을 종종 운동장에서 받습니다. 가끔 점심시간에 운동장에 나가서 놀기도 하지요. 그래서 아이들은 신발과 실내화를 2~3번 정도 갈아 신습니다. 이때 신발을 편하게 벗고 신을 수 있게 끈이 달린 운동화나 롱부츠 등은 학교에 신고 오지 않는 게 좋습니다. 크록스는 잘 미끄러져서 체육 활동에는 적합하지 않습니다. 기본 운동화 중에서 신고 벗기 편한 운동화를 골라주세요. 1학년 아이들의 경우 벨크로(찍찍이)로 신고 벗는 운동화가 가장 편합니다.

체육 활동이 있는 날에는 모자가 달린 상의는 피하는 것이 좋습니다. 한번은 아이들이 체육 활동을 하며 친구의 모자를 휙 잡아당겨서 뒤로 넘어져 크게 다치는 사고가 있었습니다. 1학년 아이들은 체육 시간에 꼬리 잡기, 얼음땡 놀이 등 신체를 이용한 체육 활동을 많이 하니 이 시간에 방해가 될 옷은 피해 주세요.

깨알팁

여벌 옷과 속옷 준비하기

1학년 아이들은 종종 소변 실수, 구토를 하는 일이 발생합니다. 그래서 사물함에 여분의 옷과 속옷을 두고 생활하는 경우가 많습니다. 사전에 준비해 달라는 안내를 받지 못해도 여분의 옷과 속옷은 한 세트 정도 사물함에 두라고 챙겨 보내면 좋습니다. 여벌 옷이 없는 경우 담임교사가 부모님에게 전화하여 가져다 달라고 부탁하기도 합니다. 맞벌이 부부라면 이런 상황에 즉시 옷을 가져다줄 수 없으니 미리 준비해 두는 게 좋습니다.

옷과 속옷을 갈아입어야 할 때는 담임 선생님께 도움을 요청합니다. 옷은 화장실이나 보건실 등 분리된 공간에서 갈아입고, 오염된 옷은 비닐에 담아 집으로 가지고 갑니다. 아이가 여벌 옷을 가지고 오면 새로운 여벌 옷을 학교로 꼭 보내 주세요.

3

단계

등교할 때
주의해야 할 점이 있나요?

입학 후 짧게는 한 달 동안, 길게는 1학기 또는 1년 내내 부모님이 아이의 등굣길을 함께합니다. 2학년부터는 대부분 아이 혼자 등교를 합니다. 입학 후 적응 기간 동안 부모님은 주도적으로 앞장서서 아이를 이끌고 등교하지 않는 것이 좋습니다. 아이가 앞장서서 스스로 학교에 찾아갈 수 있도록 한 걸음 떨어져서 아이의 등굣길을 함께해 주세요.

건널목을 건널 땐 안전하게 건너는지 주의해서 지켜보는 게 좋습니다. 초등학교 저학년 학생들은 학교가 눈앞에 보이는 순간 마음이 급해져서 주위를 확인하지 않고 앞만 보고 달려갑니다. 그래서 학교 근처 건널목에서는 크고 작은 사고가 많이 납니다. 가능하다면 돌아가더라도 횡단보도나 건널목, 차가 다니는 골목길을 피하는 것이 좋습니다.

보호자와 함께 다닐 때는 차량이 다니는 지름길로 다니고 혼자 다닐 때는 안전한 길로 돌아서 가라고 하면 아이들은 혼자 다닐 때도 짧고

77

위험한 지름길로 다닙니다. 부모님이 처음부터 안전한 큰길로 함께 등교해야 합니다.

등굣길에는 근처에 파출소가 어디에 있는지, 큰 건물이 어디에 있는지 아이와 함께 확인하여 아이가 위험한 상황에 놓일 때 스스로 큰 건물을 찾아갈 수 있도록 알려 줍니다. 요즘 유괴 사건이 많이 사라졌다고 하지만 어린 저학년 아이들에게는 언제든지 일어날 수 있는 위험한 일들이 많으니 미리 대비를 하는 게 좋습니다.

어른은 아이에게 길을 묻거나 도움을 요청하지 않는다는 것을 늘 교육해야 합니다. 혹시 어른이 강제로 끌고 가려고 한다면 큰 소리로 "도와주세요!"라고 외치도록 알려 주세요.

아이들이 혼자 등하교 하기 위해서는 아래 수칙을 꼭 기억하고 몸에 익혀 주어야 합니다.

—— ① 날이 흐릴 때는 밝은 옷 입기

날이 흐리거나 눈비가 내릴 때는 눈에 띄는 밝은 노란색의 옷을 입고 학교에 갑니다. 어두운 옷을 입고 등하교를 하면 잘 보이지 않아서 차량이나 사람과 충돌할 수 있습니다.

—— ② 우산은 밝고 투명한 것 쓰기

우산도 밝고 투명하여 앞이 잘 보이는 것을 사용합니다. 불투명한 우산을 쓰고 다니는 경우 아이들 시야를 가려 다가오는 차량이나 앞에 있는 사람과 부딪치는 일이 빈번하게 발생합니다. 투명한 우산이나 하늘색, 노란색, 흰색 등 밝은 우산을 사용하는 것이 좋습니다.

─── ③ 교통질서 지키기

신호등 보는 법, 신호등이 없는 횡단보도 건너는 법 등 교통질서를 잘 지키며 등하교할 수 있게 도와주세요. 또한 간단한 교통안전 표지판은 숙지하고 있는 것이 좋습니다. 수업 시간에 배우는 내용이지만 교통안전과 관련된 내용들은 입학 전에 아이와 등굣길을 걸으며 꼼꼼히 알려 주는 게 좋습니다.

─── ④ 승하차 구역 살펴보기

차량을 이용해서 등하교할 때는 안전벨트를 꼭 착용하고 지정된 장소에서 승하차해야 합니다.

학교 교문 주변은 대부분 어린이보호구역으로 지정되어 있으며, 이 구역 내에서는 주정차가 절대 금지입니다. 2023년 6월, 초등학교 3학년 학생이 정지선을 넘어 횡단보도 위에 정차한 차들 사이로 길을 건너던 중 맞은편에서 오던 차량에 충돌하여 중상을 입은 사고가 있었습니다. 이런 일이 발생하지 않게 각 가정에서는 아이에게 교통안전 지도를 끊임없이 해 주어야 합니다.

─── ⑤ 하교 후 일정 공유하기

아이들이 하교한 뒤에는 곧장 집에 오도록 약속해야 합니다. 만약 하교 후 친구네 집이나 다른 장소로 갈 때는 사전에 부모님의 허락을 받고 갈 수 있도록 약속해야 합니다. 하교 후 집에 올 때 평소 다니던 길을 두고 다른 길로 오거나, 대중교통을 타는 등 집에 오는 방법을 달리해야 할 때도 사전에 부모님과 연락하도록 지시해야 합니다.

한번은 방과후학교 수업을 마치고 돌봄교실로 이동해야 하는 학생이 방과후학교 수업을 같이 들은 친구와 함께 문구점에 들렀다가 길을 잃은 사건이 있었습니다. 아이는 함께 있던 친구가 사라지자 공포감에 휩싸여 그 자리에서 울고만 있었는데요, 다행히 지나가던 어른의 도움으로 학교로 돌아와 부모님을 만날 수 있었습니다.

이런 일은 단순한 해프닝으로 끝나지 않습니다. 우리가 흔히 말하는 '트라우마'로 기억에 남는데요, 특히 아이는 이 사건으로 충격을 받아 학교에 다시 적응하기 위해서 1년간 노력해야 했습니다. 그러니 학기 초에 하교하는 방법을 아이에게 알려 주고, 1학기 내내 거듭 당부해야 합니다.

부모님이 꼭 알아야 하는 교통법규

어린이 보호구역 내 주·정차 금지법

- 모든 차의 운전자는 어린이 보호구역으로 지정된 곳에서는 차를 정차하거나 주차해서는 안됩니다. 다만, 「도로교통법」이나 이 법에 따른 명령 또는 경찰공무원의 지시를 따르는 경우와 위험방지를 위해 일시정지하는 경우는 제외됩니다(「도로교통법」 제32조제8호).

- 그럼에도 불구하고 시·도경찰청장이 안전표지로 구역·시간·방법 및 차의 종류를 정하여 주·정차를 허용한 곳에서는 정차하거나 주차할 수 있습니다(규제「도로교통법」 제34조의2제2항).

구분	내용
어린이 통학버스 승하차 표지	어린이 통학버스만 주·정차 가능
어린이 승하차 표지	어린이 통학버스와 자동차 등이 주·정차 가능

출처: 생활법령정보

4 단계

교과서 종류를 알아보아요

교과서란 학교에서 학생들의 교육을 위해 사용하는 학생용 서책을 말합니다. 교사는 교육과정 내용을 전달할 때 학생의 이해를 돕기 위해 교과서를 부교재로 쓰기 때문에 꼭 교과서대로 수업을 진행하거나 교과서 내용을 모두 수업해야 한다는 규칙은 없습니다. 교과서는 국가 교육부에서 제작하는 '국정교과서'와 일반 출판사에서 제작하는 '검인정교과서'가 있습니다.

① 국정교과서

국가가 직접 제작한 교과서입니다. 교육과학기술부 장관이 편찬하고 저작권을 가지고 있습니다. 예전에는 국정교과서가 주를 이루었습니다. 교과서 집필진은 공모나 초빙을 통해 이루어집니다. 교과목 관련 학계 교수와 연구원, 교원 등이 지원할 수 있습니다.

82

② 검인정교과서

교육부의 검정을 받은 교과용 도서입니다. '미래엔', '천재', '비상' 등 일반 출판사가 연구하고 개발한 도서 중에서 국가에서 교과서 적합성 여부를 심사해 합격한 책입니다.

학교마다 채택하는 교과서가 다르므로 각 학교의 학생들은 각각 다른 교과서로 공부하게 됩니다. 이에 걱정하는 학부모님이 있는데요, 전체적인 성취 기준과 교육 목표를 가지고 다양한 부교재를 사용한다고 생각하면 됩니다. 교재가 달라도 같은 국가 수준의 교육과정 안에서 같은 내용을 배우기 때문에 큰 걱정은 하지 않아도 됩니다.

 교과서 구매하는 방법

학교에 입학한 학생들은 과목별로 1권씩 교과서를 받습니다. 만일 교과서를 분실했을 경우 개인적으로 구매하는 것을 원칙으로 합니다. 복습용으로 1권 더 구매하고 싶다면 별도로 주문하거나 디지털 교과서를 활용하면 됩니다.

① 검인정교과서 온라인 구매
'사단법인 한국교과서쇼핑몰(ktbookmall.com)'에서 초등학교 검인정교과서와 교사용 지도서를 구매할 수 있습니다.

② 국정교과서 열람 사이트
'에듀넷·티-클리어(edunet.net)'에 회원가입을 하면 3~6학년 디지털 교과서를 열람하거나 다운로드할 수 있습니다.

5단계

개정 교육과정 교과서의 내용을 살펴보아요

"교과서를 미리 사서 살펴보면 아이에게 도움이 될까요?"라는 질문을 많이 받습니다. 선행학습을 위해서가 아니라 초등학교 과정을 맛보는 정도라면 도움이 됩니다.

요즘은 1학년 교과 과정을 어느 정도 익히고 들어오는 아이들이 많습니다. 하지만 이 경우 학습에 흥미를 느끼지 못해 오히려 학교 적응이 힘들어지기도 합니다. 그러니 아이와 교과서를 두고 꼼꼼히 공부하지 말고, 어떤 내용을 배우는지만 참고해 보세요.

초등학교 1학년 교과는 '국어', '수학', '통합교과', '안전한생활', '창의적 체험활동'이 있습니다.

① 통합교과

지금 학부모인 세대는 학교에서 「바른생활」, 「슬기로운생활」, 「즐거운생활」이란 교과서를 배웠을 거예요. 「바른생활」은 기초생활습관과

84

기본 학습 태도를 배우는 교과입니다. 「슬기로운생활」은 우리가 흔히 알고 있는 과학입니다. 「즐거운생활」은 음악, 미술, 체육을 통합한 교과입니다. 통합교과는 기초생활습관, 과학, 사회, 예체능을 모두 포함한 교과라고 생각하면 됩니다. 통합교과를 배우는 교과서명은 「학교」, 「사람들」, 「우리나라」, 「탐험」, 「하루」, 「상상」, 「약속」, 「이야기」입니다.

통합교과의 8가지 대주제는 모두 우리 생활과 밀접하게 관련되어 있으며 노래 부르기, 오리기, 만들기, 꾸미기, 색칠하기, 조사하기, 관찰하기, 이야기 나누기 등 재미있는 놀이와 체험활동을 통해 배우기 때문에 아이들이 매우 좋아합니다.

〈2022 개정 통합교과 교과서〉 개정 교육과정에서는 교실에서 교사와 학생이 만드는 통합교과 수업 방식을 지향하고 있습니다. 디지털 기술과 기후 변화, 저출산 고령화 사회로 인해 급변하는 우리 사회에 학생들이 대응하는 힘을 함양할 수 있도록 교육과정을 개정했다고 합니다. 반영된 내용을 보면 교과서 안에 '어떤 내용을 배우고 싶나요?', '내가 공부하고 싶은 내용을 담아 공부 게시판을 만들어 봅시다.' 등 학생들이 주도적으로 주제를 정해 나가는 부분이 포함되어 있습니다.

1학기에는 「학교」, 「사람들」, 「우리나라」, 「탐험」을, 2학기에는 「하루」, 「상상」, 「약속」, 「이야기」를 배우게 됩니다. 입학 후 한 달 동안은 통합교과 중 「학교」라는 교과서로 공부를 합니다. 예전에는 입학 초기 적응 활동이라고 분리되어 배우던 내용이 「학교」에 들어가 있습니다. 학교 교과서는 학교 둘러보기, 학교 시설물 알기, 연필 쥐는 법, 자리에 앉는 법, 화장실 가기, 급식 먹기 등 학교생활 적응을 돕기 위한 세부적인 내용으로 구성되어 있습니다.

—— ② 국어

1학기 「국어」는 「국어-가」, 「국어-나」, 「국이활동」 총 3권으로 이루어져 있습니다. 「국어-가」, 「국어-나」는 우리가 알고 있는 본교재 교과서라고 생각하면 됩니다.

「국어활동」은 쓰기 위주로 되어 있고, 배운 내용을 반복해서 써 보는 워크북 개념의 교과서입니다. 쓰기는 '선 긋기'부터 시작합니다. 그리고 자음을 정확한 획순으로 쓰는 연습을 하게 됩니다. 이때 자음은 ㄱ, ㄴ, ㄷ 순서가 아니라 'ㄱ-ㅋ-ㄲ', 'ㄴ-ㄷ-ㅌ-ㄸ', ㄹ, 'ㅁ-ㅂ-ㅍ-ㅃ', 'ㅅ-ㅆ-ㅈ-ㅊ-ㅉ', 'ㅇ-ㅎ' 순서로 서로 연관된 자음을 묶어 배웁니다.

초등학교 입학 전에 한글 쓰기를 마친 아이들은 획순보다는 글자를 빨리 익히고 쓰는 데 중점을 두었기 때문에 글자를 그림처럼 그려서 쓰는 경우가 많습니다. 이런 경우 획순을 바르게 쓰는 데 어려움을 느낍니다. 초등학교 입학 전 글씨 쓰기를 가르칠 때는 시간이 걸리더라도 획순에 맞춰 쓰도록 하는 것이 좋습니다.

글씨 쓰기를 배운 뒤에는 단어를 배우고 문장을 배우게 됩니다. 단어에서 문장으로 진도가 나갈 때 아이들이 당황하는 경우가 많은데, 이때 가정에서 부모님은 아이에게 줄글책을 많이 읽어 주며 단어에서 문장으로 자연스럽게 확장될 수 있게 도와줘야 합니다.

─── ③ 수학

수학은 「수학」과 「수학 익힘」을 배웁니다. 1학기에는 1부터 50까지 숫자 안에서 수 가르기, 모으기, 비교하기, 읽기, 쓰기 등 숫자와 관련된 다양한 활동을 합니다. 10을 넘지 않는 수준에서 더하기 빼기를 하고, 기수와 서수도 익히게 됩니다. 〈2022 개정 교육과정〉에서는 저학년 학생들의 한글 학습 정도를 고려해 한글로 수를 쓰는 활동이 없어졌습니다.

2학기에는 100까지 수 범위 안에서 덧셈과 뺄셈 공부를 합니다. 1학년 수학은 수의 감각을 키워 주는 내용이 많습니다. 1큰 수, 1작은 수 등의 내용은 가정에서 직접 구체물을 이용해서 1개 먹기, 1개 더 가지고 오기 등의 활동으로 직접 수 감각을 체험해 보면 이해하는 데 도움이 됩니다. 그 외에도 여러 가지 모양, 시계 보기, 다양한 규칙 등을 공부를 합니다.

1학년 아이들이 가장 어려워하는 단원은 시계 보기 단원입니다. 핸드폰 시계, 디지털 시계가 익숙해진 아이들은 원형 시계 읽기를 어려워합니다. 대부분 가정에서 입학 전에 연산 진도에만 초점을 맞춰서 곱하기 나누기까지 예습시켜 오는 경우가 많은데 예습을 해야 한다면 실생활에서 아이와 시계 보기 연습을 많이 해 보는 걸 추천합니다.

─── ④ 안전교육

1~2학년의 안전교육은 통합교과 시간과 창의적 체험활동 시간을 활용해서 편성 운영합니다. 여러 가지 재난 상황에 대비하기 위해서 신설

된 영역입니다. 가위, 연필, 우산, 가방의 안전한 사용 방법부터 도로 위에서 일어나는 위험한 순간들, 지진이나 화재 대피하는 방법도 배웁니다. 다양한 재난 상황과 학교에서 발생할 수 있는 위험한 상황들에 대처하는 방법을 직접 체험하며 몸으로 익혀 봅니다.

⑤ 창의적 체험활동

'창체'는 창의적 체험활동의 줄임말입니다. 보통 시간표에 '창체'라고 적혀 있지요. 창의적 체험활동은 정규 교과 수업 이외의 다양한 체험활동을 가리킵니다. 창의적 체험활동의 영역으로는 '자율자치활동', '동아리활동', '진로활동'이 있습니다.

깨알팁 **교과서 폐기하는 방법**

학교에서 다 쓴 교과서는 가정으로 돌려보내거나 학교에서 자체 폐기를 합니다. 가정에서 교과서를 재활용하는 여러 가지 좋은 방법을 알려드리겠습니다.

① 콜라쥬 미술 놀이
교과서에는 다양한 사진, 그림 자료가 풍부하게 들어 있습니다. 집에서 컬러 프린트를 한다고 생각하면 많은 양입니다. 이 자료들을 오려서 흰 도화지에 붙이면 재미있는 미술 놀이를 할 수 있습니다.

② 과학 잡지 만들기
통합교과에는 실제 자연물에 대한 사진과 많은 정보가 들어 있습니다. 계절 변화에 따라 혹은 주제에 따라 관심 있는 부분의 내용을 스크랩해서 나만의 과학 잡지를 만들어 보세요.

③ 그림책 만들기
교과서에 나오는 등장인물을 오려서 내용을 재구성해 보는 것도 재미있는 활동입니다. 교과서에 수록된 이야기들은 작품성을 인정받은 이야기들입니다. 내용을 재구성하며 배운 내용을 복습해 보세요.

6단계

학교에 가야 하는 이유를
말해 주세요

아이들과 왜 학교에 가야 하는지 이야기 나눈 적 있으신가요? 학교는 왜 가야 할까요? 다들 가니까? 의무교육이니까? 사실 "왜 학교에 가야 하나요?"라는 질문에 대한 대답은 저에게도 아직 어렵습니다. 어떤 날은 친구들과 재미있게 놀 수 있다는 이야기를 해 주고, 어떤 날은 학교는 의무교육 기관이고 누구나 교육을 받아야 하기 때문이라고 설명해 줍니다. 이런 질문을 받을 때 도움이 될 아이들의 눈높이에서 '학교'와 '배움의 즐거움'을 알려 주는 책을 소개해드릴게요. 입학 전 아이들과 함께 읽어 보면 도움이 될 것입니다.

① 『왜 학교에 가야 하나요?』
(하르트무트 폰 헨티히 지음, 강혜경 역, 비룡소)

은퇴한 노교수가 쓴 26통의 편지를 통해 학교에 다녀야 하는 지를 알게 되는 책입니다. 보통 아이들은 학교에 가는 이유가 공부를 하기 위해서라고 알고 있어요. 하지만 많은 사람과 함께 지내는 법을 익힐 수 있는 곳도 학교이기 때문에 학교에 가는 거라고 알려 주세요. 초등 고학년용 도서이지만, 학부모님이 읽고 저학년 아이에게 들려주기 좋습니다.

아이가 초등학교에 입학하기 전 많은 학부모님이 하는 실수가 있습니다. 학교에 왜 가는지 묻는 아이에게 '초등학교는 마냥 재미있고 즐거운 곳'이라고만 이야기해 주는 것은 좋지 않습니다. 그러면 아이는 학교에 막연한 환상을 갖게 되고, 실제로 등교하고 난 뒤에는 상상했던 학교와 실제 학교가 달라서 등교 거부 반응을 보일 수 있습니다. "학교에 가면 이것저것 다 잘해야 해. 학교 선생님들은 다 호랑이 선생님이야."라며 겁주는 말을 해서도 안 되지만 학교에 대한 막연한 환상을 심어 주는 말도 해서는 안 됩니다.

학교에 대해서는 있는 그대로 말해 줘야 합니다. 저는 아이에게 "초등학교는 우리나라에 사는 어린이가 살면서 필요한 기초적인 초등교육을 받도록 정해 둔 곳이야."라고 이야기해 줍니다.

반이 싫고 선생님이 마음에 들지 않는다고 하면 반을 고를 수도 없고, 선생님도 고를 수 있는 게 아니라고 말합니다. 선생님은 우리를 잘 가르쳐 주기 위해서 공부도 많이 하고 어려운 시험을 봐서 통과한 점과 아이들을 사랑하는 마음을 가지고 있으며, 어떤 선생님을 만나도 배울 점이 있다고 늘 이야기해 줍니다. 부모님의 경험담을 같이 얘기해 주는 것도 도움이 됩니다. "엄마도 초등학교 때 무서운 선생님도 만나 봤고, 이야기를 많이 해 주는 이야기꾼 선생님도 만나 봤고, 천사 같이 착한 선생님도 만나 봤어. 무서운 호랑이 선생님을 만나서는 늘 지각하던 습관을 단숨에 고쳤고, 이야기꾼 선생님이 해 주신 재미있는 이야기들은 아직도 머릿속에 생생하게 남아 너희들에게도 종종 들려주고 있지."라고 알려 줍니다.

이 책은 현재 절판된 상태여서 도서관에서 빌려 보거나 중고 도서로 구매해야 해요.

—— ② 『리더십 학교가자』(연두비 전집)

아주 오랫동안 입학 추천 전집으로 추천되고 있는 연두비의 『리더십 학교가자』라는 전집이 있습니다. 총 60권으로 이루어져 있고 사회성, 청결, 예절, 절약 등 주제를 나누어서 초등학생이 되면 해야 하는 일, 알아야 하는 것을 이해하기 쉽게 알려 줍니다.

학교에 들어가면 아이들이 거의 모든 일을 스스로 해야 합니다. 엄마가 곁에 있다면 척척 해냈을 일들도 낯선 공간에서 혼자 하려니 당황스럽고 버벅이게 되는 경우가 많습니다. 이런 상황이나 친구와의 갈등 상황을 이야기로 재미있게 보여 주면서 주인공이 문제를 어떻게 해결하는지 자연스럽게 배우고 미리 대비할 수 있게 해 주는 책입니다.

저는 아이가 학교에 입학하기 전 도서관에서 대여해 거의 모든 편을 읽었고, 학교생활을 하는 중에도 "이거 책에 나왔던 상황이잖아." 하면서 종종 이야기했습니다. 학교생활뿐만 아니라 하교하면서 일어날 수 있는 상황과 친구들과의 문제 상황도 다루고 있으니 꼭 한 번 읽어보세요.

7
단계

학교에 가기 싫어할 땐
이렇게 하세요

초등학교에 입학한 아이들은 유치원과 다른 낯선 환경에서 배워야 하는 것, 스스로 해야 하는 일이 부쩍 늘어나기 때문에 긴장감이 높아집니다. 학교에 적응하기 힘들어하는 아이에게 "선생님 말씀 똑바로 들어야 해. 절대 놓치면 안 돼."라며 지속적으로 주의를 주면 아이는 학교와 더 멀어지게 됩니다. 선생님 말씀을 제대로 못 들었을 때는 손을 들고 선생님에게 "다시 한 번 말씀해 줄 수 있나요?"라고 여쭈어 보라고 해야 합니다.

반대로 아이를 학교생활에 잘 적응시킨다는 이유로 부모가 자주, 많이 개입하면 안 됩니다. "친구가 널 밀치고 갔어? 엄마가 선생님에게 전화해 볼게.", "학교에 필통 두고 왔어? 엄마가 선생님에게 연락해 볼게." 식의 행동을 보여 주는 건 좋지 않습니다. 기본적인 소통은 학생과 선생님이 하는 것이 첫 번째 순서입니다. 학교에서 모르는 문제가 있어도 부끄러워하지 않고 씩씩하게 선생님에게 질문하는 것, 친구가 나를 실수로 밀치고 갔을 때 선생님에게 먼저 얘기하는 태도가 몸에 배야 합니다. 부모님이 대신 말해 주면 아이는 스스로 자립할 수 있는 힘을 잃어 갑니다. 학교에서 선생님은 엄마이기 때문에 학교에서 일어난 일들은 본인이 선생님에게 스스로 말할 수 있도록 해야 합니다.

 선생님에게 도움 요청하기

아이들은 선생님이 무서운 분이라고 생각해서 쉽게 도움을 청하지 못하거나 혼자 해결하려다 당황하고 허둥대기도 합니다. 그러니 가정에서는 "선생님은 학교에서 엄마, 아빠 대신이야. 잘못한 일은 너희를 위해서 혼내기도 하지만 너희들을 사랑하고 어려운 일들은 언제든지 도와주신단다."라고 이야기해 주면 아이들이 선생님을 어려워하지 않고 도움을 요청하기 쉽습니다.

입학 초기 사용하는 유용한
학교생활 정보

스스로 등교하는 법을 익혀요

입학식 다음 날은 아이가 첫 수업을 받는 날입니다. 그날은 보통 교문 앞에서 아이와 헤어져야 합니다. 어떤 아이들은 교문 앞에서 울음을 터뜨리기도 합니다. 아이를 보낸 부모님도 걱정스러운 마음에 한참 동안 교문 앞을 떠나지 못하고 아이가 잘 가는지 지켜보기도 합니다. 엄마도 아이도 참 힘든 3월입니다.

하지만 부모님과 떨어지기 싫다고 울던 아이들은 교실로 입장하는 순간 언제 그랬냐는 듯 즐겁게 학교생활을 합니다. 대부분 담임 선생님이 "어머님~ 학교 도착해서는 너무 잘 지내고 있어요."라며 안부 전화를 합니다. 학부모님들은 그 말을 못 믿으시지만 정말 사실입니다.

1학년 첫 담임을 맡았을 때 아이가 학교 가기 싫다고 매일 울고 힘들어한다며 걱정하는 학부모님의 전화를 받았던 적이 있습니다. 학교에서는 놀이를 주도하고 수업 시간에 발표도 잘하고 행복하게 웃다 집에 가는 밝고 긍정적인 학생이었는데 집에서는 찰나의 좋지 않았던 순

98

간만 이야기한 겁니다. 아이들은 특정 순간의 기억이나 아침에 가라앉은 기분 탓에 전체 학교생활을 부정적으로 이야기하기도 하는데요, 대부분 걱정하지 않아도 되는 상황입니다. 처음에는 뭐든 힘들지만 아이들은 금세 적응합니다. 아이가 긍정적인 마음을 가지고 등교할 수 있게 가정에서 응원하고 격려해 주세요.

아이를 혼자 등교시키는 게 걱정되어 교실 앞까지 아이를 바래다주는 부모님들이 있어요. 이러한 행동은 아이가 스스로 등교하는 데 도움이 되지 않으니 자제해야 합니다. 불안하더라도 입학 후에는 아이와 교문 앞에서 헤어져야 합니다. 참고로 아이를 등교시킬 때 신발주머니를 꼭 가지고 올라가라고 말해 주세요. 아이들이 중앙 계단에서 실내화로 갈아 신고 신발주머니를 두고 가는 경우가 많습니다.

대부분 학교에서는 아이들의 안전한 활동을 위해 외부인의 출입을 제한하고 있습니다. 누가 교정에 함부로 들어갈까 싶지만 실제로 낯선 사람이 학부모인 척 흉내 내며 등교 시간에 아이를 따라 교정 내 화장실에 숨어 있다가 적발된 사례가 있었습니다. 이를 방지하고자 부모님을 비롯한 외부인은 학교 보안관실에서 출입 신고를 하고 허가증을 받아야 학교 안으로 들어갈 수 있습니다. 아이가 준비물을 놓고 가서 가져다줘야 한다면 위의 절차를 통해 허가증을 받고 교실 앞에 있는 실내화 가방에 준비물을 넣어 두면 됩니다.

등교 시간은 학교마다 정해진 시간(8:30~8:50 사이)이 있습니다. 8:50까지 등교해야 한다면 8:40분 전후로 등교하는 것이 좋습니다. 담임 선생님이 출근하기 전에 등교하게 되면 안전상의 문제가 발생할 수 있고,

너무 늦은 시간에 헐레벌떡 등교하게 되면 아침 자습 활동도 하지 못할뿐더러 1교시 수업에 지장을 줄 수 있습니다. 그러니 선생님이 정해 준 등교 시간 10분 전이나 정규 등교 시간에 전교생과 함께 등교할 수 있도록 해 주세요.

맞벌이 가정에서는 다소 늦은 등교 시간 때문에 고민하는데요, 이럴 때는 오전 7시부터 운영하는 늘봄학교를 이용하는 것도 좋은 방법이 될 수 있습니다.

종종 3월이 지나 4월이 될 때까지 등교를 거부하는 아이들이 있습니다. 이런 경우 학교 상담실을 통해 학기 초 부적응 문제를 해결할 수 있으니 등교 거부가 길어지면 꼭 담임 선생님과 상담하도록 합니다.

 깨알팁 **학교 상담실이란?**

'위 클래스(Wee class)'라고도 불리는 학교 상담실은 학생들이 학교에서 겪는 각종 부적응 문제, 교우 관계에 대해 상담을 할 수 있는 곳입니다. 학교에서는 정기적으로 학급을 대상으로 상담 수업을 연 1~2회 진행합니다.

요즘은 '또래 상담사'라고 해서 아이들끼리 서로의 문제를 듣고 힘을 모아 해결 방안을 마련하는 방식도 사용합니다. 학교마다 다르지만 또래 상담사를 운영하는 학교에서는 종종 참여한 학생들에게 표창을 수여해 주거나 봉사 시간을 인정해 주기도 합니다.

2단계
학교생활 규칙을
잘 지켜야 해요

담임 선생님마다 학급 내 자리 배치를 달리합니다. 저의 경우 3월 초에는 책상을 1줄씩 일정하게 간격을 두어 길게 늘어놓는 1인 대형으로 아이들을 앉혔습니다.

교실 앞 게시판에는 달력과 타이머형 큰 시계가 있습니다. 1학년 아이들은 시계 보기를 힘들어해서 타이머형 시계를 부착해 둡니다. 그러면 아이들은 수업은 40분 동안 받는 것, 쉬는 시간은 10분인 것, 점심시간은 1시간인 것을 알 수 있습니다. 가정에서도 초등학교 입학 전 타이머형 시계를 사용해서 아이에게 시간 감각을 길러 주면 학교생활을 할 때 큰 도움이 됩니다.

저는 글자 읽기가 서툰 학생들을 위해 게시판(시간표)은 글자와 그림이 같이 있는 안내판을 이용했습니다. 예를 들어 1교시 옆에 알림장, 연필, 지우개를 칠판에 붙여 두면 아이들은 그림을 보고 책상 위에 준비물을 올려놓거든요. 자기주도학습을 기르기 위해서는 아이들 수준에 맞는 친절한 안내가 필요합니다. 가정에서도 자기주도학습을 준비할 때 친절하고 자세한 가이드를 제공해 주면 훨씬 더 효율적으로 지도할 수 있습니다.

교실 앞문에는 학교생활을 하면서 지켜야 하는 규칙을 정리해서 크게 인쇄해 둡니다. 〈스스로 지키는 학교생활 규칙〉의 내용들은 기본적으로 우리가 학교생활을 하며 지켜야 하는 것들입니다. 규칙 내용을 가정에서 함께 연습해 보면 학교생활을 하는 데 도움이 됩니다.

입학 전에는 혼자 화장실 사용하는 법을 익힐 수 있도록 연습해야 합니다. 학교 화장실은 멀리 있고 넓어서 아이들이 스스로 이용하는 것에 부담감을 느끼고 어려워합니다. 이럴 땐 배변 장애로 이어질 수 있으니 가정에서 충분히 연습해서 등교할 수 있도록 도와주세요.

스스로 지키는 학교생활 규칙

등교 시간	● 실내에서는 실내화 신기 ● 교과서는 서랍에 정리한 후 아침 활동하기
수업 시간	● 바른 자세로 앉고, 친구와 장난치거나 떠들지 않기 ● 선생님 말씀과 친구가 발표하는 내용에 귀 기울이기
쉬는 시간	● 화장실에 다녀오고, 다음 시간에 배울 교과서 준비하기 ● 우유는 교실 의자에 앉아서 천천히 마시기
점심시간	● 손을 깨끗이 씻고 차례로 줄 서기 ● 수저를 바르게 사용하고, 식사 예절을 지켜 골고루 먹기
복도 및 계단에서	● 복도와 계단에서는 오른쪽으로 사뿐사뿐 걷기 ● 계단은 한 칸씩 오르내리고 위험한 놀이는 하지 않기
화장실에서	● 차례를 지키며 한 사람씩 들어가기 ● 용변을 본 후 물을 내리고 깨끗하게 손 씻기
운동장에서	● 조회대, 구석진 곳, 주차장 주변에서 놀지 않기 ● 놀이 기구에서는 차례를 지키고 안전하게 이용하기
하교 시간	● 등하굣길 차 조심하기 ● 낯선 사람과 함부로 이야기하거나 따라가지 않기

출처: 새내기 학부모 길라잡이

3단계
준비물을 잘 챙겨 주세요

학교마다 예비 소집일이나 입학식 이후 가정통신문을 통해 등교할 때 가지고 올 준비물을 자세히 안내해 줍니다. 요즘은 사진까지 첨부해서 '이렇게 생긴 것으로 준비해 주세요.'라고 한 번 더 자세히 설명해 주니 사진과 비슷한 것으로 사서 보내 주면 됩니다.

"사진과 꼭 똑같은 것으로 준비해야 하나요?"라는 질문을 많이 받는데요, 사진을 드리는 이유는 좀 더 자세한 안내를 통해 이해를 돕기 위함이지 꼭 그것과 똑같은 브랜드의 똑같은 학용품을 준비해 오라는 의도가 아니니 참고해 주세요.

종종 SNS에서는 '학교 입학 준비물 이렇게 준비하면 편해요!'라는 영상이나 글이 유행처럼 번집니다. 예를 들어 색연필을 원래 있는 보관함에서 꺼내 원형 필통에 담아 쓰면 편하다는 영상이 있었는데요, 이 콘텐츠를 보고 많은 학부모님이 준비물을 이렇게 챙겨 보내시더라고요. 하지만 원형 필통에 색연필을 넣으면 내용물이 쏟아지기 쉽고, 색연필이 없어져도 무슨 색이 없어졌는지 바로 알기 어려워요. 그래서 원래 있던 보관함에 다시 넣어서 보내 달라고 요청을 하기도 했습니다.

준비물은 교사와 학부모님마다 준비하는 기준이 달라 섣불리 가이드를 제시하기 어렵지만, 저와 제 주변에 있는 선생님들의 의견을 모아 기본으로 많이 사용하는 준비물을 안내해 보겠습니다.

—— ① 책가방

입학의 상징 같은 책가방 고르기. 제가 SNS를 처음 시작할 때 올린 영상도 '첫 가방 추천' 영상이었습니다. 요즘 책가방은 20만 원이 훌쩍 넘는 고가품이며 한 번 구매하면 최소한 2년은 사용하게 됩니다. 책가방을 고를 때는 틀, 무게, 수납공간 이 3가지만 기억하면 됩니다.

가방이 흐물흐물하면 저학년 아이는 가방에서 필통이나 책, 물통을 꺼내기 힘들어합니다. 그리고 가방에 책을 넣을 때도 가방이 흘러내려 차곡차곡 정리하기 힘듭니다. 1학년 담임을 할 때 한 학생이 흐물흐물한 천 가방을 메고 등교했는데 내용물을 넣고 빼기 힘들어하더니 2학기에는 틀이 잡힌 가방으로 바꾼 것을 보았습니다. 따라서 1학년 아이들은 천 가방보다 어느 정도 틀이 있는 각진 가방을 추천합니다.

가방은 무조건 가벼워야 하는데요, 무게가 600g 정도 되거나 그 이하인 가방을 선택하면 됩니다. 가죽 가방은 생각보다 무거워서 아이들이 조금만 메고 서 있어도 어깨가 아프다고 하는 경우가 있습니다. 600g 정도 되는 가방에 공책, 필통, 물통, 줄넘기를 넣으면 1kg이 훌쩍 넘어 버립니다. 그러니 직접 매장에 가서 가방을 들어 보고 구매하는 게 좋습니다.

저학년 때는 가방 속 내용물을 넣고 빼기 쉬워야 해요. 가방 바깥쪽에 수납공간이 3개 정도로 나누어져 있고, 물통을 넣을 수 있는 공간이 있어야 합니다. 가방 안쪽은 2개 정도 분리된 게 좋습니다.

보통 학교에서는 가방을 책상 옆에 달린 고리에 걸도록 하는데요, 아이가 쉽게 가방을 걸려면 가방 위쪽에 고리처럼 손잡이가 있는 걸 골라 주면 좋아요. 손잡이가 너무 두꺼우면 가방이 잘 걸어지지 않으니 사기 전에 이 부분도 확인해 주세요.

종종 SNS에서는 아이들이 끌고 다니기 편하다며 바퀴가 달린 가방을 추천하는데요, 서울시에서 안내한 〈학부모 가이드〉에서는 바퀴가 달린 가방은 지양하고 있으니 평범한 기본 가방으로 준비해 주세요.

그 외에도 가슴에 고정해 주는 연결 고리가 자석 재질인 것, 보냉 파우치, 에어 매쉬로 되어 있는 가방끈 등 여러 가지 기능이 있는 가방이 있습니다. 요즘 기본적인 기능은 다들 비슷하게 잘 나와 있으니 앞서 말씀드린 틀, 무게, 수납공간 이 3가지에 유의하여 골라 주면 됩니다.

디자인을 선택할 때는 아이의 취향을 한껏 반영해 주세요. 결국 학교생활을 하며 가방을 메고 다닐 사람은 엄마가 아니라 아이입니다. '파스텔 색은 때가 많이 타는데……', '반짝이 가방은 마음에 안 드는데……'라며 망설일 수 있으나 아이가 행복한 학교생활을 시작할 수 있도록 아이 마음에 드는 가방을 사는 것이 좋습니다.

가벼운 가방으로 추천하는 브랜드는 '아이스비스킷', '포터리반', '빅토리아앤프랜즈', '뉴발란스' 등이 있습니다. 소풍 가방은 따로 필요하지 않지만, 선생님마다 다르니 의논하여 정하면 됩니다.

2~3월은 가방 가격이 비쌀 때고, 4월부터는 이월 상품으로 할인을 많이 합니다. 입학 예정인 아이들이 있다면 4~11월 사이에 할인율이 높은 가방을 미리 구매하는 것도 좋은 방법입니다.

── ② 줄넘기

줄넘기의 줄은 그림과 같이 한 발로 줄의 가운데 부분을 밟았을 때 손잡이가 명치 정도 높이에 오는 것이 좋습니다.

줄넘기는 보통 가방에 매일 가지고 다니거나 사물함에 넣어서 보관합니다. 줄넘기를 사물함에 넣으면 줄이 꼬이고 밖으로 삐져나옵니다. 이때 큰 지퍼백에 줄넘기를 넣어서 보내 주면 보관이 편리합니다.

개인적인 경험으로는 '김수열줄넘기' 중에 손잡이가 긴 것이 줄이 꼬이지 않고, 저학년 아이들이 줄넘기를 배울 때 편하게 사용할 수 있었습니다.

── ③ 실내화

간혹 "아이들이 고가 브랜드 실내화를 많이 신고 다니나요?"라는 질문을 하는 분들이 있습니다. 저는 그런 브랜드에서 실내화를 만든다는 걸 이 질문을 받았을 때 알았습니다. 브랜드 실내화가 평범한 것보다 좋은지 잘 모르겠으나 실내화를 고를 땐 브랜드를 떠나 다음과 같은 기준을 두고 골라 주세요.

실내화는 아이 발에 잘 맞는 것으로 준비해야 합니다. 성장기라서 발이 쑥쑥 클 걸 고려해 큰 걸 산다면 실내화가 잘 벗겨지고 넘어지는 경우가 많습니다. 발에 꼭 맞는 실내화로 준비하고 실내화가 작아질 때마다 바꿔 주는 것을 추천합니다. 여름에는 발에 땀이 차서 실내화를 자주 세탁하기도 하니 경제적 부담이 되지 않을 평범한 고무 실내화를 여분으로 장만하는 것이 좋습니다.

생각보다 아이들이 학교에서 실내화를 분실하는 경우가 많습니다. 그래서 실내화 뒤쪽, 안쪽에 이름을 크게 적어야 합니다. 실내화는 가지고 다니기도 하고, 학교에 보관하기도 합니다. 후자의 경우라면 주기적으로 실내화를 가정으로 가지고 오게 하여 세탁해 주세요.

실내화는 활동하기 쉽고 가볍고 편한 것이 좋습니다. 종종 실내화에 장식을 주렁주렁 달고 오는 아이들이 있는데, 체육 활동을 하거나 실내화가 부딪혀서 장식이 깨지는 경우가 있습니다. 장식이 많지 않은 실내화가 좋습니다. 신발에 다는 참을 실내화에 달고 다니는 학생들도 있는데 같은 맥락에서 추천하지 않습니다.

학생들이 강당 체육 활동을 할 때 종종 실내화를 신고 하는 경우가 있습니다. 이때를 대비해 실내 체육 활동이 가능한 것으로 준비하고 바닥이 미끄러운 슬리퍼를 실내화로 신지 말아야 합니다.

─── ④ 물티슈, 휴지

아이들은 개인 사물함에 물티슈를 두고 사용합니다. 보통 물티슈는 자기 자리 주변을 청소하는 청소용으로 많이 사용합니다. 그래서 성분이 좋고, 가격이 비싼 물티슈를 사지 않아도 괜찮습니다. 평소 집에서 쓰던 뚜껑이 있는 물티슈, 두루마리 휴지를 준비해 주세요.

─── ⑤ L자화일(L자파일)

우체통이라 불리는 'L자화일'은 학교에서 가장 많이 쓰는 준비물입니다. 이 파일은 아이들이 매일 가지고 다니는 물건이어서 자주 잃어버리기도 합니다. 그러니 최소 2개 정도는 사고 L자화일 앞, 뒤에 아이 이름을 써서 보내 주세요.

학교에 따라서 L자화일과 양쪽으로 모두 열리는 '투포켓 L자화일'을 준비하라고 합니다. 학교에서 나누어 주는 경우도 있지만 정말 많이 쓰기 때문에 따로 하나 더 준비해 두는 것을 추천합니다.

─── ⑥ A4클리어화일

'A4클리어화일'은 학생들이 수업 시간에 활동한 활동지, 결과물 등을 모아 두는 화일입니다. 담임 선생님 재량에 따라서 이 파일을 쓰기도 하고 쓰지 않기도 합니다. 만약 선생님이 주신 준비물 목록에 이 파일이 있다면 잃어버려도 걱정 없게 2개 정도 준비하면 좋습니다.

─── ⑦ 필통

필통은 지퍼로 여닫는 천으로 된 필통이 좋습니다. 종종 지퍼가 세로로 짧게 있는 필통이 있는데, 지퍼가 가로로 길게 있는 필통이 연필이나 지우개를 꺼내기 쉽습니다.

플라스틱 필통이나 철 필통은 달그락거리고 떨어지면 소리가 나서 수업에 방해가 될 수 있습니다. 같은 의미로 필통에 게임이나 계산기 등 불필요한 기능이 포함된 필통은 피하는 것이 좋습니다.

또한 수납공간이 넓은 필통이 좋습니다. 저학년 때는 만들기 활동이 많아서 필통에 가위, 풀, 자, 테이프 정도는 여유 있게 가지고 다니는 것이 좋으니 이런 물건들을 넣을 수 있는 여유 있는 크기의 필통이 좋습니다.

필통 속에서 연필이 이리저리 굴러다니지 않게 고무 밴드에 연필을 꽂아서 보관할 수 있는 필통이 있습니다. 저학년 아이들은 자주 뛰어다니기 때문에 연필을 잡아 주는 밴드가 없으면 연필심이 부러지기도 합니다. 그래서 이런 기능이 있으면 참 좋습니다.

포켓몬, 산리오 같은 캐릭터가 그려진 필통을 사 줘도 되는지 질문을 받는데요. 저도 첫 아이가 입학할 때 온라인으로 산리오 캐릭터 필통을 사준 적이 있습니다. 그런데 막상 상품을 받아 보니 필통 위에 붙어 있는 캐릭터 머리가 너무 커서 당황스러웠습니다. 평범한 것으로 바꿔 줄까 하다가 저학년은 무조건 학교 가는 게 즐거워야 하니 좋아하는 필통을 쓰게 두었습니다. 만약 아이가 특별한 필통을 사 달라고 한다면 수업 시간이나 주위 친구들에게 피해를 주지 않는 선에서 고르는 걸 추천합니다.

　필통 안에 꼭 있어야 하는 것은 깎은 연필 3~4자루, 지우개 1~2개입니다. 연필은 부드럽고 진하게 써지는 2B연필을 사용하면 좋습니다. 샤프나 1개씩 뽑아 쓰는 연필은 사용하지 않는 게 좋습니다. 아이들이 필기구로 장난을 쳐서 수업에 집중하지 못하기 때문입니다. 지우개는 미술용 지우개를 많이 사용합니다. 예쁜 지우개는 글씨를 잘 지우지 못하며 지운 자국이 남아서 그 위에 글씨를 써도 알아보지 못하거든요. 그래서 지우개는 꼭 잘 지워지는 기능적인 것을 우선으로 하여 준비해야 합니다.

　참고로 연필깎이는 은색 '하이샤파(수동)'가 매끈하게 잘 깎이며 고장도 잘 나지 않습니다.

⑧ 크레파스, 색연필

　크레파스와 색연필은 학교에서 몇 색이 필요한지 대략적인 규격을 안내해 줍니다. 하지만 꼭 그 규격에 맞추어 살 필요는 없습니다. 저희 첫째 아이는 24색 크레파스를 가져오라는 안내장을 받았는데요, 학교 앞 문구점에 가니 18색과 26색 크레파스만 있었습니다. 이런 경우에는 26색을 사도 무방합니다. 집에 22색 크레파스가 있는 경우 그 제품을 보내 주어도 됩니다. 안내문에 나온 것은 규격을 안내하려는 의도지 꼭 이렇게 해야 한다는 건 아니며, 담임 선생님이 2가지 색이 더 있거나 덜 있다는 이유로 다시 준비하라고 말하지 않습니다. 크레파스는 24색 손에 묻지 않는 크레파스가 적당합니다. 가장 많이 쓰는 크레파스는 '노란병아리 크레파스'가 있습니다.

색연필과 사인펜은 12색이면 충분합니다. 색연필의 경우 돌돌 돌려서 사용하는 색연필이 가장 편합니다.

—— ⑨ 공책

공책은 주로 '무지 연습장', '10칸 쓰기 공책', '알림장', '일기장' 정도를 준비해 오라고 합니다. 10칸 글씨 쓰기 공책은 안에 짙은 선으로 칸을 나눈 것보다는 옅은 선, 혹은 안에 격자 선이 없는 10칸 쓰기 공책이 좋습니다. 담임 선생님의 안내에 따라 정해진 규격의 공책을 구매하는 것이 좋습니다. 생각보다 1권을 오래 쓰니 많이 구매할 필요는 없습니다.

공책의 경우 담임 선생님이 숙제를 검사하고 나서 뒤표지가 위로 올라오게 하여 아이들에게 나누어 주는 경우가 많으니 앞면과 뒷면에 모두 이름을 쓰거나 붙여 주는 것이 좋습니다.

—— ⑩ 물통

코로나 이후로 학생들이 개인 물통을 가지고 다니는 게 일상이 되었습니다. 물통은 아이들이 쉽게 여닫을 수 있는 원터치 물통이 편합니다. 하지만 너무 쉽게 열려서 물이 가방에서 줄줄 새기도 하니 잠금장치가 있는 원터치 물통을 준비하면 좋습니다.

── ⑪ 마스크

요즘은 마스크를 쓰고 다니는 학생이 거의 없습니다. 하지만 아이가 기침을 하거나 감기 기운이 있거나 열이 날 때는 마스크를 쓰고 등교하는 것이 좋습니다. 언제 미열이 날지 모르니 여분의 마스크 1개 정도는 가방에 넣어 가지고 다니도록 합니다.

── ⑫ 셀로판테이프, 가위

요즘은 1학년부터 개인 셀로판테이프를 준비해 오라는 학교가 많습니다. 테이프가 잘리는 면이 생각보다 날카로워서 아이들이 다칠 수 있으니 입학 전에 가정에서 충분히 셀로판테이프 쓰는 방법을 연습하도록 합니다. 실제로 1학년 교실에서는 셀로판테이프를 사용하다 손이 베어 보건실에 가는 아이들이 많습니다.

가위는 끝이 뭉툭하고 아이 손 크기에 맞는 것으로 준비합니다. 주로 유치원에서 사용하는 '안전가위'는 종이가 매끄럽게 잘리지 않아 사용하기 어려우니 '일반가위'로 준비합니다. '플러스 핏트컷 커브 주니어 가위'를 추천합니다.

칼은 안전상의 문제로 학교에 가지고 다니지 않습니다. 수업 중에 칼이 필요한 경우에는 담임 선생님이 대신 잘라 줍니다.

── ⑬ 물건에 이름 쓰기

아이들이 하교하고 난 뒤 교실 바닥을 보면 주인을 잃고 뒹구는 물건들이 참 많습니다. 주인 잃은 물건들은 한데 모아서 주인이 찾아가게 두지만, 이름이 없는 물건은 종업식 날까지 남아 있습니다. 그러니 모든 학교 준비물에는 이름을 꼭 써서 붙여 줍니다. 색연필, 사인펜 1자루마다, 심지어 풀 뚜껑에도 이름을 써 주는 게 좋습니다.

요즘 아이들은 풍요가 독이 된 세대인 것 같습니다. 교실 청소 시간에 본인의 물건을 잘 챙기지 못한 아이들을 나무라면 "그거 그냥 다시 사면 돼요.", "저 이거 많아요."라고 대답합니다. 물건의 소중함을 모르는 아이들이 많습니다. 각 가정에서는 물건을 소중하게 여기는 태도를 끊임없이 이야기해 주고 아이와 함께 준비물에 이름을 써 주어야 합니다. 물건에 직접 네임펜으로 이름을 적기 힘들다면 시중에 파는 '네임 스티커'를 이용하는 것도 좋은 방법입니다. 네임 스티커를 이용한다면 방수 기능이 있는 것이 좋습니다.

4 단계

교내에서 길을 잃었어요!

학기 초에는 교실을 찾지 못해 교정을 헤매거나 복도에서 울고 있는 1학년 아이들이 많습니다. 그래서 입학 전, 입학 후에 부모님은 아이에게 학교에서 길을 잃어버리면 어떻게 해야 한다고 지속적으로 알려 줘야 합니다. 이 교육을 받고 온 아이들은 길을 잃어도 덜 당황하는 편입니다.

학교에서 길을 잃어버리면 가장 가까운 교실로 들어가서 선생님에게 도움을 요청해야 합니다. 학교 수업이 시작되고 길을 잃으면 복도에 사람들이 지나다니지 않아 도움을 청하기 어렵습니다. 그럴 땐 움직이지 않고 그 자리에 우두커니 서 있어도 선생님이 찾으러 옵니다. 하지만 가까운 교실에 들어가 선생님에게 도움을 요청하는 방법이 가장 좋습니다. 이 점을 참고해 가정에서도 학교에서 길을 잃으면 눈에 보이는 가장 가까운 교실로 들어가서 어른에게 도움을 요청하라고 반복해서 알려 주세요.

한번은 이런 일이 있었습니다. 3월에 1학년 1~4반이 모두 강당으로 이동해서 여러 가지 공동 체육(합동 교육)을 했습니다. 그런데 저희 반 학생이 이동하는 줄에서 이탈해 화장실에 갔습니다. 볼일을 보고 익숙한 길을 따라 교실로 돌아온 학생은 아무도 없는 것을 보자 그제야 강당에 가고 있었다는 게 떠올랐습니다. 그래서 강당으로 가려고 나섰는데 강당으로 가는 길이 갑자기 생각이 나질 않는 겁니다. 가장 가까운 반에 가서 도움을 요청하려 했지만 1~3반 모두 비어 있는 상황이었습니다. 다행히 다른 선생님이 아이를 발견하곤 강당으로 데리고 왔습니다.

이런 경우에는 어떻게 해야 할까요? 1학년 담임 선생님이 모두 부재한 경우 교무실이나 행정실로 가야 한다고 한 번쯤 이야기해 주면 좋습니다. 보통 1학년이 있는 층에 교무실이나 행정실이 있습니다. 참고로 1학년 아이들이 교실을 못 찾아가거나 반 전체가 이동하던 중에 줄을 놓치는 일은 흔히 발생합니다. 이럴 때는 아이에게 절대 당황하지 말고 "학교는 안전한 곳이니 가만히 기다려도 선생님이 찾아올 거야. 가만히 기다리는 게 힘들면 근처 교실에 들어가서 도움을 청해야 해." 라고 반복해서 이야기해 주세요.

5
단계

발표 연습을 해요

✏️ 초등학교에 입학하면 친구들 앞에서 발표하는 일이 많아집니다. 수업 시간에는 다양한 발표 형식이 있습니다. 손을 들고 일어나서 발표하기, 단상에 서서 친구들을 보며 발표하기, 앉은 자리에서 자신의 의견 발표하기가 있습니다. 아이들은 발표를 참 어려워합니다. 그래서 1학년은 알맞은 목소리 크기와 빠르기로 발표하는 연습을 1년 동안 합니다.

── ① 목소리 크기 정하기

1학년 교실에서 주로 '교실 마이크'라고 하는 것을 많이 사용합니다.

'0단계'는 음소거(말을 하지 않고 입 모양으로만 말하기) 상태입니다. '1단계'는 소곤소곤 짝꿍에게만 말하기입니다. '2단계'는 평범하게 대화하며 말하기입니다. '3단계'는 큰소리로 발표하는 말하기입니다.

입학 후 한 달 동안은 같은 말을 0단계에서 3단계까지 반복해서 말하는 연습을 합니다. 예들 들어 "안녕하세요."의 경우 0단계는 입 모양으로만 "(안녕하세요.)"를 하다가 점점 소리를 크게 하며 "안녕하세요!"라며 3단계로 말하기 연습을 합니다.

목소리 크기를 조질할 수 있다면 발표는 3단계로 하는 것이라고 알려 줍니다. 그렇다고 버럭버럭 소리를 지르는 것이 3단계 말하기가 아닙니다. 우리가 들었을 때 크고 또박또박 전달력이 있는 정도의 목소리를 3단계 목소리라고 알려 줍니다.

── ② 가정에서 발표 연습하기

가정에서 발표 연습을 할 때는 간단한 주제부터 시작합니다. '우리 가족을 소개해요.'라는 짧은 글을 쓰고 가족끼리 돌아가면서 발표를 해 봅니다. 이때 주의할 점은 처음부터 큰 목소리로 또박또박 말하기를 기대하면 안됩니다. 처음에는 그냥 목소리를 내서 자기의 글을 읽기만 해도 칭찬해 주세요. 그다음에 부모님이 청중을 바라보며 큰 목소리로 또박또박 발표하는 모습을 보여 주면 됩니다. 아이는 발표 연습을 통해 청중과 눈을 맞추며 말하듯이 자연스러운 발표를 할 수 있게 됩니다.

발표는 1학년뿐만 아니라 학교생활 동안 계속 하게 됩니다. 학교 수업에서 발표는 빠질 수 없는 부분입니다. 1학년 때는 아이가 자신감을 가지고 자기의 의견을 표현할 수 있게 가정에서 많이 도와주세요.

6
단계

결석 처리 과정을
확인하세요

결석은 수업일수와 관련하여 학년 진급 및 유급에 영향을 미치는 만큼 아이가 다니는 학교의 '병결석'과 '결석계 처리 방법'에 대해서 꼼꼼히 알고 있는 것이 좋습니다.

초등학교에서는 학칙에 따라 출석해야 할 날짜에 출석하지 않으면 '결석'으로 처리합니다. 초등학교 생활기록부에 남는 결석 사유는 '질병결석', '미인정결석', '기타결석' 3가지입니다. 흔히 질병으로 아파서 병원에 가거나 쉬어야 할 때 결석하는 것을 질병결석이라고 합니다. 질병결석 중에 독감, 수두, 수족구, 결핵, 코로나처럼 '법정 감염병'으로 인한 결석은 출석으로 인정됩니다. 법정 감염병으로 진단받지는 않았지만 법정 감영병으로 의심되어 결석한 경우 의사 소견서가 있다면 출석인정결석이 됩니다. 기타결석은 질병이 아닌 다른 사유이지만 학교장의 허가를 받아 결석한 경우를 말합니다. 미인정결석은 질병결석이나 기타결석에 해당하지 않는 경우 해당됩니다.

아이가 결석하게 된 경우에는 1교시 수업 전에 유무선으로 담임교사에게 결석 사유와 결석임을 알려 줘야 합니다. 그리고 학교로 돌아오는 날 결석 증빙서류, 결석 양식을 작성하여 제출합니다. 학교마다 필요한 증빙서류와 양식이 조금씩 다르니 학교 홈페이지에서 확인하는 걸 추천합니다.

학원 수강, 해외 어학연수 목적의 교외 체험학습이나 승인 기간을 초과한 체험학습에 대해서는 출석 인정이 불가능합니다. 출석으로 인정되는 결석으로는 경조사, 천재지변, 법정 감염병, 체험학습 등이 있습니다.

국내외 체험학습 신청하는 방법

체험학습의 경우 학교마다 다르겠지만 최소 2~3일 전에는 담임교사에게 체험학습 신청서를 미리 제출해야 합니다. 코로나 시기에는 가정학습이라는 체험학습이 생겨서 결석 당일 코로나 진단으로 가정학습한다는 내용의 체험학습을 전부 받아주기도 했습니다.
초·중등교육법 시행령 제48조(수업운영방법 등)에 따르면 교외체험학습의 출석 인정 기간은 교육과정 이수에 지장이 없는 범위 안에서 연 14일 이상 학칙이 정한 범위로 되어 있습니다. 학교마다 조금씩 편차가 있을 수 있으나 보통 국내 7일, 국외 30일 정도로 정해집니다.

급식 먹는 방법을
알려 주세요

1학년 담임을 하면 가장 떨리는 부분이 급식 지도입니다. '아이들이 무사히 밥을 먹을 수 있을까?' 하는 마음으로 입학식 다음 날은 1교시부터 3교시까지 내내 급식 지도만 하고 급식실로 향합니다. 교사마다 급식 지도에 대한 교육관이 다른데요, 여기에서는 제가 하는 급식 지도를 이야기해 보겠습니다.

저는 우선 음식을 골고루 섭취해야 건강해진다는 것을 반복하여 교육합니다. 마찬가지로 편식에 대한 지도도 반복하되 통제는 하지 않습니다. 고학년 담임을 했을 때는 편식 지도를 매일 했지만, 막상 제 아이를 낳고 보니 아이의 편식은 잘 안 고쳐진다는 걸 알게 되었고, 편식도 성향처럼 체질일 수 있겠다는 생각이 들었습니다.

억지로 먹으면 무조건 토하고 체하는 아이들도 있어서 강제성 있는 편식 지도는 하지 않았습니다. 실제로 1학년 아이들에게 급식을 강제로 먹게 하면 체하거나 구토하는 경우가 많이 발생합니다. 그래서 1학년 담임 선생님은 아이에게 강제로 급식을 다 먹게 하지 않습니다. 아이가 음식에 알레르기가 있거나 못 먹는 음식이 있다면 학기 초에 작성하는 '학생 이해 조사서'에 최대한 꼼꼼하게 적어 주어야 합니다. 저 같은 경우 기본 배식량은 최대한 먹어 보도록 노력하고, 싫어하는 반찬은 아주 조금이라도 도전해 보기를 권유합니다.

1학년의 경우 식사 시간은 평균적으로 20~30분 사이입니다. 식사 시간이 너무 빠른 아이들을 관찰해 보면 음식을 먹지 않고 버리는 경우가 많습니다. 반대로 식사 시간이 느린 아이들은 친구들과 장난치거나 떠드느라 또는 먹기 싫은 음식을 뒤적거리느라 시간을 보냅니다. 학교 급식 시간은 주로 50분에서 1시간 정도로 정해져 있습니다. 급식실로 이동하기 전에 손을 씻고 줄 서는 시간을 제외하면 40분 안에는 식사를 마쳐야 합니다.

급식을 다 먹고 식기류를 정리할 때 숟가락과 젓가락을 통에 던져 넣거나 식판을 쾅쾅 던지는 아이들이 많습니다. 이런 모습은 평소 생활습관에서 비롯됩니다. 부모님은 함께 사용하는 물건은 절대 던지는 것이 아니며 개인 물건도 던져서 놓는 건 좋지 않다고 알려 줘야 합니다.

학교에서는 쇠젓가락으로 급식을 먹습니다. 젓가락질이 서툰 아이라면 입학하기 전까지 아동용 쇠젓가락으로 밥을 먹어 보거나, 젓가락으로 과자를 집어서 다른 접시로 옮겨 보는 연습을 하고 점점 과자 크기를 줄여서 마지막에 아주 작은 콩 잡기 연습까지 해 보는 것이 좋습니다.

아이들은 수저를 한 손으로 들고 식판 가장자리를 잡고 국물이 쏟아지지 않게 이동합니다. 하지만 의자를 빼서 앉을 때 음식물이 쏟아지는 경우가 많습니다. 식판을 식탁에 먼저 내려놓고 의자에 앉는 연습을 가정에서 미리 시켜 주세요.

가정에서 급식 지도를 할 때 절대 해서는 안되는 말이 있습니다. "이제 1학년 되면 무조건 젓가락으로 먹어야 하는데, 아직도 못하면 어쩌려고 그러니?"와 같은 핀잔이나 지적이지요. "엄마도 1학년 때는 젓가락질이 어려웠는데 계속 연습해 보니까 어느새 금방 되더라! 노력해 보자! 할 수 있어!"라고 응원해 주세요.

양치 지도 방법

급식을 먹고 난 뒤에 양치 시간이 있습니다. 코로나 이전에는 다 같이 양치하는 시간이 있었지만 코로나 시기를 겪을 땐 학교에서 양치를 하지 않았습니다. 요즘은 희망하는 학생들만 개인 양치컵 세트를 학교 사물함에 보관하며 양치를 하도록 합니다. 양치컵은 떨어뜨려도 깨지지 않는 플라스틱이나 스테인리스로 준비합니다.
양치컵 세트는 보통 사물함 속에 넣고 사용하므로 위생 관리가 중요합니다. 매주 마지막 금요일에는 아이에게 양치컵 세트를 가지고 오라고 하여 깨끗하게 씻어야 합니다.

8단계

우유갑 여는 연습을 해 보세요

코로나로 인해 중단되었던 우유 급식이 2024년을 기준으로 거의 모든 학교에서 다시 실시되었습니다. 우유 급식은 보통 1교시 쉬는 시간에 우유 급식 희망자를 대상으로 진행합니다.

1학년은 우유갑 입구를 스스로 뜯지 못하는 아이들이 많습니다. 3월에는 반에 2~3명 정도만 우유갑 입구를 잘 뜯고 나머지 아이들은 뜯다가 흘리지요. 저는 1학년 담임을 할 때 '꼬마 우유 선생님'을 몇 명 뽑아서 우유갑 입구를 잘 뜯는 학생들이 친구들을 도울 수 있게 해 줍니다. 친구에게 도움을 받았다면 고마움을 표현하는 것도 가르쳐 줍니다.

입학 전에 우유갑 입구 뜯기를 연습해 온다면 1학기 동안 다른 친구들을 도와주면서 본인도 쉽게 우유를 마실 수 있습니다. 만약 가정에서 연습한다면 부모님이 먼저 우유갑 입구를 양손으로 벌리는 시범을 보여 주고, 따라 해 보도록 연습시킵니다.

우유를 마실 땐 중간에 멈추지 않고 한 번에 다 마실 수 있도록 교육

합니다. 쉬지 않고 다 마시는 것이 아니라 우유를 마시다가 끊고, 2교시 끝나고 다시 마시고 하는 행동을 지양하라는 것입니다. 다 마시지 않은 우유를 책상에 올려 두면 다른 친구들이 쉬는 시간에 돌아다니다가 우유를 쳐서 쏟아지는 사고가 일어납니다.

급식에는 우유처럼 요거트, 요구르트, 김 봉지 등 아이들 스스로 뜯어서 먹는 가공식품들이 종종 나옵니다. 양쪽이 작은 톱니 모양으로 된 비닐봉지를 뜯어야 하는데 연습이 충분히 되지 않은 아이들은 힘을 세게 주어 비닐을 뜯다가 내용물이 모두 튕겨져 나가는 상황이 발생합니다. 가정에서는 봉지를 스스로 뜯어서 먹고, 쓰레기까지 처리할 수 있도록 연습시켜 줍니다.

9 단계

학교폭력의 기준과
처벌 과정을 살펴보아요

'학교폭력'이란 학교 내외에서 학생 간에 발생한 상해, 폭행, 감금, 협박, 약취, 유인, 명예훼손, 모욕, 공갈, 강요, 강제적인 심부름 및 성폭력, 따돌림, 정보통신망을 이용한 음란, 폭력 정보 등에 의하여 신체, 정신 또는 재산상의 피해를 수반하는 행위를 말합니다. 사이버폭력(카톡, 학교 게시판) 또한 언어적 정신적 폭력에 해당합니다.

학교폭력이 발생하면 학교는 문제와 갈등을 평화적으로 해결하는 걸 우선으로 하고 학교폭력기구에 넘어가기 전에 여러 가지 재발 방지 및 대처 방안을 제시해 줍니다.

경미한 사안은 학교장 자체 해결이 가능하며 심각한 사안은 교육지원청의 학교폭력대책심의위원회에서 처리한다(제12조)고 되어 있습니다. 깊은 이해를 돕기 위해 〈학교폭력 예방 및 대책에 관한 법률〉을 간략히 살펴보겠습니다.

학교폭력 예방 및 대책에 관한 법률

제13조(심의위원회의 구성·운영)

① 심의위원회는 10명 이상 50명 이내의 위원으로 구성하되, 전체위원의 3분의 1 이상을 해당 교육지원청 관할 구역 내 학교(고등학교를 포함한다)에 소속된 학생의 학부모로 위촉하여야 한다. 〈개정 2019. 8. 20.〉

② 심의위원회의 위원장은 다음 각 호의 어느 하나에 해당하는 경우에 회의를 소집하여야 한다. 〈신설 2011. 5. 19., 2012. 1. 26., 2012. 3. 21., 2019. 8. 20.〉

   1. 심의위원회 재적위원 4분의 1 이상이 요청하는 경우

   2. 학교의 장이 요청하는 경우

제12조(학교폭력대책심의위원회의 설치·기능)

① 학교폭력의 예방 및 대책에 관련된 사항을 심의하기 위하여 「지방교육자치에 관한 법률」 제34조 및 「제주특별자치도 설치 및 국제자유도시 조성을 위한 특별법」 제80조에 따른 교육지원청(교육지원청이 없는 경우 해당 시·도 조례로 정하는 기관으로 한다. 이하 같다)에 학교폭력대책심의위원회(이하 "심의위원회"라 한다)를 둔다. 다만, 심의위원회 구성에 있어 대통령령으로 정하는 사유가 있는 경우에는 교육감 보고를 거쳐 둘 이상의 교육지원청이 공동으로 심의위원회를 구성할 수 있다. 〈개정 2012. 1. 26., 2019. 8. 20.〉

학교폭력위원회를 줄여서 '학폭위'라고 합니다. 학폭위의 절차는 다음과 같습니다.

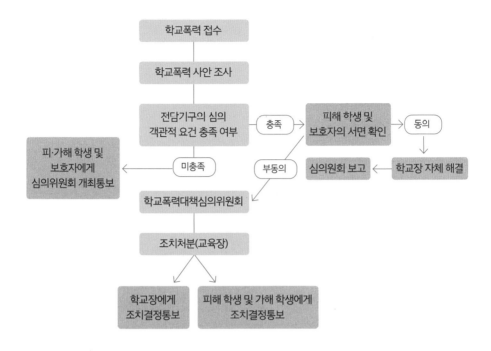

학교폭력 사안 처리의 모든 절차와 매뉴얼은 사안에 따라 매우 다르고 굉장히 광범위하기 때문에 더욱 자세한 내용을 알아보려면

〈학교폭력 사안처리 가이드북〉 또는 '도란도란 학교폭력예방교육(doran.edunet.net)' 사이트의 [사안처리] 메뉴를 참고하기 바랍니다.

학폭위의 절차나 다양한 사안은 이쯤에서 마무리하고, 어떻게 하면 우리 아이가 학폭위에 휘말리지 않을 수 있는지, 학폭위 관련 학생이 되었을 경우 어떻게 대처해야 하는지를 이야기해 보겠습니다. 먼저 가정에서는 학교폭력이 발생했을 시 최악의 경우를 말해 줘야 합니다. 대수롭지 않게 여겼던 일이 학교폭력이 되어 친구에게 치명적인 상처를 남기거나 목숨을 앗아 갈 수 있다고 이야기해 줘야 합니다. 특히 요즘은 학교폭력에 예민한 시대이기 때문에 사소한 장난도 학교폭력으로 신고될 수 있다는 점을 알려 주고 긴장을 늦추지 말아야 합니다.

저는 3년 전부터 아이들에게 되도록 신체를 접촉하는 장난은 하지 못하도록 가르치고 있습니다. 신체 접촉은 누군가 다치는 일로 확대되고, 학교폭력 사안으로 이어질 수 있기 때문입니다.

학교폭력 피해 학생은 폭력 사실을 숨기지 말고 바로 도움을 요청해야 합니다. 선생님, 가족, 친구, 상담실 어디든 좋습니다. 부모님과 선생님은 아이들에게 늘 이런 이야기를 해 주고 학교와 가정은 무조건 널 보호해 줄 수 있다는 믿음을 줘야 합니다. 그리고 내 의지와 상관없이 학교폭력을 목격하게 된 방관 학생도 선생님에게 꼭 알릴 수 있도록 지도해야 합니다. 일반적으로 대부분 학생이 방관자가 될 확률이 높기 때문에 방관자에 대한 학교폭력 교육이 매우 중요합니다.

10
단계
학교폭력 예방법을
알아보아요

학교폭력 예방을 위한 부모님의 역할이 있습니다. 평소 허용적이고 편안한 분위기에서 자녀의 이야기를 많이 들어 주어야 합니다. 매일 자녀와 학교생활과 친구와의 관계에 대해 대화를 나누는 것이 좋습니다. 이때 주의할 점은 학교생활 전반을 캐묻듯이 대화하면 아이들이 거부할 수 있습니다. 그러니 아이들이 편안한 마음으로 자유롭게 학교생활을 이야기할 수 있도록 부모님은 경청하는 태도를 유지해 줍니다.

안타깝지만 내 아이에게 학교폭력이 발생한다면 먼저 자녀의 마음을 안정시키고 신체적, 정신적 상태를 점검해야 합니다. 필요하다면 트라우마가 남지 않도록 병원 전문의와 상담해서 정신적 회복을 도와야 합니다. 그리고 즉시 담임 선생님에게 현황을 알리고 해결 방안과 지도 문제를 상의한 뒤 가해 학생과 학부모 그리고 학교에 원하는 사항을 정확히 전달합니다.

학교폭력 신고 방법은 다음과 같습니다. 내 아이가 가해 학생인 경우라면 피해 학생의 요구 조건을 최대한 수용하고 피해 학생과 그 부모가 원하는 방식(대면, 비대면, 서면 등)을 통해 진심으로 사과하고 다시는 폭력을 행사하지 않을 것을 약속합니다. 또한 지속적인 교육을 통해 철저하게 재발 방지에 힘써야 합니다.

내 자녀가 잘못을 저질렀다면 체벌이나 심한 비난을 하여 다시는 그런 잘못을 하지 않게 가르치려는 학부모님이 있습니다. 하지만 비난과 처벌보다는 치유와 조정, 내 아이가 왜 그런 일을 저질렀는가에 대해 이유를 찾아보고 지속적인 심리치료와 교육을 통해 아이가 스스로 큰 잘못임을 깨닫고 반성하게 해야 합니다. 회복적 생활교육은 학생과 가정이 긍정적인 방향으로 성장하는 계기가 될 수 있습니다.

 학교안전사고보상지원시스템

학교폭력 사안이 아니더라도 학교 교육 활동 중에 발생한 안전사고로 아이들이 다치는 경우가 있습니다. 이럴 때는 '학교안전사고보상시스템'을 통해서 보상받을 수 있습니다.

학교에서 발생한 모든 사고에 대한 보상이 아니라 공제급여 대상인 사고에 대해서만 지원 가능하니 '한국교육안전공제회(edu-safety.org/edu)'에서 공제 대상인 사고인지 확인을 해야 합니다.

11
단계

아동학대 및
유괴 예방법을 살펴보아요

아동학대 사실을 인지하거나 의심되는 일이 있다면 누구나 112, 〈아이지킴콜〉 앱, 담임 선생님을 통해 신고할 수 있습니다. 만일 아동학대를 목격했다면 증거가 은폐되지 않도록 주의하고, 가능한 사진과 자료를 많이 확보해야 합니다.

요즘 유괴 사건이 많이 사라졌다고는 하지만 아직 어린 저학년 아이들에게는 어떤 일이 일어날지 모르는 법이죠. 그러니 사전에 사고를 방지한다는 마음으로 교육을 해 주는 게 좋습니다.

〈유·초·중·고 발달단계별 '학교 안전교육 7대영역 표준안'〉을 참고하여 아이들에게 위험 상황을 꼭 인지시켜주고 미리 예방 교육을 해 주세요.

학교 안전교육 7대영역 표준안

① 아이의 이름과 같은 개인정보는 가방 위쪽에 크게 적어 두기 보다는 잘 보이지 않는 안쪽으로 적어 주세요.

② 부모님의 휴대 전화번호를 꼭 기억할 수 있도록 사전 교육해 주세요.

③ 가끔 만나는 사람, 본 적 있는 사람, 자세히 알지 못하는 사람은 '낯선 사람'이라고 알려 주세요.

④ 낯선 사람이 끌고 가려고 하면 즉시 소리쳐서 도움을 요청하게 해 주세요.

⑤ 낯선 사람이 이름과 전화번호를 물어보면 모르겠다고 대답하고 자리를 피해 주세요.

⑥ 자녀와 함께 상황별 안전 계획을 세우고 도움을 청할 수 있는 곳을 미리 알려 주세요. 학교 등하굣길에 있는 지구대, 경찰서, 큰 가게, 큰 대로 위주로 아이가 도움을 청할 사람들을 쉽게 만날 수 있는 곳을 알려 줍니다.

⑦ 초등학교에서도 매년 성폭력, 유괴 예방 교육을 의무적으로 실시하고 있습니다. 학교 교육과정 설명회 및 다양한 행사를 통해 학부모를 대상으로 하는 연수도 실시하고 있으니 관심을 가지고 참여해 보세요.

12 단계

과정중심평가에 대해
알아보아요

자녀를 처음 초등학교에 보낸 부모님은 학교에서 말하는 '단원평가', '수행평가', '진단평가'를 듣곤 고개를 갸웃거리곤 합니다. 낯선 용어이니 헷갈리는 것이지요. 학교에서 시행하는 평가는 3월에 전 학년도 학습 성취 정도를 확인하는 '진단평가', 그리고 학기 중에 수시로 실시하는 '단원평가'와 '수행평가'가 있습니다. 진단평가는 말 그대로 학생들이 전 학년도의 교육과정 내용을 잘 이해했는지 새로운 학년이 시작하기 전에 학생들의 학습 수준을 진단해 보는 평가입니다. 2학년의 경우 1학년 내용, 3학년은 2학년 내용을 보는 식입니다. 1학년 아이들의 경우 진단평가를 따로 보지 않지만 한글 미해득자가 몇 명인지 파악하기 위해 기초 한글 해득 시험을 간단하게 실시합니다.

진단평가의 결과는 학생과 부모님에게 공유되지 않습니다. 오로지 담임 선생님의 학급 진단 도구로만 활용됩니다. 그러니 부담 갖지 말고 편하게 실력만큼 시험을 보면 됩니다.

학기 중에 수시로 실시하는 단원평가는 한 단원을 모두 학습하고 나서 총괄적으로 보는 시험입니다. 우리가 흔히 시험을 떠올리는 모습이 단원평가라고 생각하면 됩니다. 단원평가는 교사 재량에 따라서 예고하거나 예고하지 않고 실시합니다. 단원평가는 생활기록부나 기타 기록으로 남지 않으며 결과를 가정으로 보낼지 결정하는 것도 교사 재량입니다.

수행평가는 현재 교육부에서 초등학교에 권장하는 시험 방식입니다. 전 과목에서 학생들이 학습하는 모든 과정을 평가하는 방법입니다. 예를 들어 노래를 부르는 모습을 평가할 수도 있고, 그림을 그리는 태도, 과학 실험에 참여하는 적극성, 친구와 협동하는 태도, 작품을 완성하는 참여 모두 평가할 수 있습니다. 교사는 모든 과정을 체크 리스트, 관찰일지 등으로 기록해 둔 뒤 학기가 끝나면 결과를 생활 통지표에 적어 가정으로 보냅니다. 학교에 따라 '잘함-보통-노력 요함', '상-중-하' 등으로 다양하게 표기합니다.

수행평가는 종이로 시험을 보는 지필평가와 수업 중에 수시로 관찰한 내용을 기록하는 관찰평가가 동시에 진행되거나 관찰평가만으로도 실시되는 등 다양한 형태를 지닙니다. 결과가 아닌 과정을 평가하다 보니 자칫 대수롭지 않게 여길 수 있지만 생활기록부에 기록이 남으니 꼼꼼하게 챙기도록 해야 합니다.

수행평가는 생활기록부에 기록되는 만큼 가정에서 미리 대비할 수 있도록 평가 계획이 학기 초에 알림장이나 학교 홈페이지를 통해 안내됩니다. 미리 저장해 두고 평가 계획이 있는 단원은 가정에서 예습, 복습을 꼼꼼하게 지도해 주세요.

가정에서 아이들의 평가를 도와주고 싶어도 어떻게 도와줘야 하는지, 문제집을 따로 사서 풀어야 하는지 모르겠다면 단원평가 샘플 문제와 해설을 무료로 받아 볼 수 있는 온라인 사이트를 확인해 보세요.

── ① e학습터(cls.edunet.net)

난이도도 어려움부터 쉬움까지 맞춰서 직접 하나씩 단원과 난이도 문제수까지 조절해서 학부모가 선생님처럼 시험지를 만들 수 있습니다. 회원가입을 해야 서비스를 이용할 수 있습니다.

── ② 에듀넷·티-클리어(edunet.net)

학부모, 학생 모두 회원가입이 가능하며, 회원가입을 해야 단원평가 자료를 열람할 수 있습니다.

── ③ 동아출판(bookdonga.com)

회원가입을 하지 않아도 '정답 및 해설', '평가자료' 모두 볼 수 있습니다.

13 단계

보충수업에서는
무엇을 가르치나요?

각 시·도교육청마다 명칭과 예산은 조금씩 차이가 있지만 보충 학습이 필요한 아이들은 담임 선생님 지도하에 방과후보충수업 프로그램을 받습니다. 서울시에서 운영하는 '점프업', 경남교육청에서 운영하는 '누리교실', '두드림학교' 등이 그 예시입니다. 담임 선생님은 기초 학력 부진 학생 중 학습결손, 학습장애 외에도 정서행동장애나 사회성 결여, 돌봄결여, 가정환경 등 복합적인 요인으로 어려움을 겪는 학생들을 기준에 따라 선정하여 방과후 또는 방학 중에 학생의 수준과 희망에 맞춰 1:1에서 1:2~5 등 소규모로 학생 맞춤형 보충수업 지도를 하게 됩니다.

제가 1학년 담임을 할 때는 한글 미해득 학생들을 대상으로 보충수업을 실시했습니다. 교사마다 지도 방식이 다르겠지만 저는 자체 제작한 프린트, 교육청 무료 배포 워크북, 시중에서 파는 문제집으로 수업을 했습니다.

1년 동안 꾸준히 수업을 받으면 한글 미해득 학생들도 어느 정도 한글을 읽고 쓸 줄 아는 수준에 도달합니다. 1학년 아이들의 경우 본인이 이해하고 도달한 학습 성취도에 비해 집중력이 떨어져 풀지 못하는 문제들이 많습니다. 실세 능력과 관계없이 학습 성취도가 떨어진다고 판단되어 보충학습 지도 명단에 올라가는 학생들이지요. 이런 학생들의 경우 집중력을 올려 주는 환경을 조성해 주거나 공부하기 전 준비 시간을 짧게 가지게끔 연습하면 금방 학업 성취도가 올라옵니다.

집중을 못하는 아이는 문제를 해결할 시간을 제한한다던가 집중할 수 있도록 주변 환경을 정리해 줍니다. 공부하기까지 준비가 오래 걸리는 아이들은 학습에 대한 심리적 거부감과 장벽이 있는 경우가 많습니다. 이런 아이들은 무엇이든 일단 시작하는 그 자체를 칭찬하고 격려해 줘야 합니다. 문제를 틀리거나 풀지 못해도 괜찮다고 이야기해 주세요. 반복해서 용기를 가지고 도전하다 보면 어느새 심리적 경계가 허물어지고 과제에 접근하기까지 걸리던 시간이 줄어들 거예요.

가정에서는 보충수업에서 사용하는 교재를 함께 구매해서 집에서 복습해 볼 수 있게 도와준다면 효과적입니다.

14
단계

지적보다 칭찬을 많이 해 주세요

칭찬은 고래도 춤추게 한다는 말이 있습니다. 가정에서 기초생활습관을 지도하는 데 있어서 가장 중요한 것은 부모님의 '칭찬'입니다. 하지만 아이가 하는 행동을 보지도 않고 무의미하게 "어~ 잘했어." 하는 칭찬은 안 하느니만 못합니다. 이런 칭찬을 반복해서 들은 아이들은 "엄마는 보지도 않고 잘했다고만 해."라고 불평합니다.

칭찬을 할 땐 아이의 행동을 구체적으로 묘사해 칭찬을 해 줘야 합니다. "오늘 해야 하는 숙제를 알아서 척척 해내다니! 스스로 공부하는 멋진 초등학생 형님이 되었네!"라며 칭찬해 주고 다음번에 조금 더 발전할 수 있도록 조언을 덧붙여 줍니다. "그런데 글씨를 조금만 바르게 쓰면 좋겠구나 니은(ㄴ)을 쓸 때 글자가 너무 누워 있어서 '으(ㅡ)'랑 비슷해 보여. 이 부분만 조금 신경 쓰면 글씨 대장이 될 수 있겠어!"라며 구체적인 피드백을 해 줍니다. 칭찬과 함께 따라오는 구체적인 조언은 오히려 아이에게 '우리 엄마가 내가 한 결과물을 꼼꼼하게 봤구나.' 하는

139

인상을 남겨 줍니다.

　아이들은 부모의 칭찬을 먹고 자랍니다. 초등학교에 입학하면 다 큰 아이 같아 보여도 고학년 형님들과 섞여 있으면 정말 작은 아기입니다. 이 아이들이 가방을 메고 스스로 학교에 와서 실내화도 갈아 신고, 5교시 수업도 야무지게 듣고, 쇠젓가락으로 급식도 먹고, 방과후학교에도 참석한 뒤 집으로 갑니다. 집으로 가서 해야 할 숙제도 다 해냅니다. 얼마나 대단한가요. 칭찬만 해 주어도 아이들은 무엇이든 잘 해내려 하고 무엇이든 해 보려 합니다.

　사담을 약간 곁들이자면 학교 교사들도 마찬가지입니다. 제가 처음 1학년 담임을 맡았을 때 학년 부장님이 "1학년 아이들에게는 칭찬을 이기는 것은 아무 것도 없다."라고 말씀하셨습니다. 아이들이 뛰는 것은 당연합니다. 수업 시간에 가만히 앉아 있는 것도 어렵습니다. "뛰지 말아라.", "똑바로 앉아라."라고 100번을 이야기해도 아이들은 뛰고 똑바로 앉지 못합니다. 이때 학년 부장님은 복도에서 걷는 아이를 칭찬하고, 수업 시간에 바르게 앉아 있는 아이를 칭찬했습니다. 잔소리를 칭찬으로 바꾸자 교실에는 놀라운 변화가 찾아왔습니다. 아이들이 서로 똑바로 앉으라고 이야기해 주고 복도에서는 걸어야 한다며 서로 주의를 주고 습관을 고쳐 나가기 시작했습니다. 3월 한 달 동안 이비인후과에 갈 정도로 목 터져라 외치던 "수업 시간에 돌아다니지 마세요~! 뛰지 마세요~!"를 "어머 우리 반 친구들은 참 바른 자세로 잘 앉아 있네요!", "복도에서도 이렇게 질서를 지켜서 잘 걸어가니 선생님 너무 감동했어요."로 바꾸자 교실이 하루만에 달라졌습니다. 칭찬의 힘은 생각보다 아주 강합니다. 아이에게 의도적으로 칭찬을 해 보세요. 아이들은 정말 빨리 바뀝니다.

· 부록 ·

예비 학부모가
가장 궁금해하는
15가지 질문

QUESTION & ANSWER

Q 1년 휴직이 필수인가요?

저는 워킹맘이에요. 주변에서 1학년 때는 등하교 외에 신경 쓸 게 많아서 휴직이 필수라고 합니다. 이 말이 정말인가요? 휴직을 하지 못한다면 어떻게 해야 할까요?

A 부모의 선택에 따라 달라집니다.

맞벌이 부모님은 아이의 입학을 앞둔 시기에 휴직 여부를 두고 고민을 합니다. 초등학교 수업은 보통 오후 12시 30분에서 1시 40분 사이에 끝납니다. 어린이집, 유치원과 다르게 빨리 끝나는 편입니다. 아이는 하교 후 부모님이 퇴근할 때까지 약 5~6시간 정도를 혼자 보내야 합니다. 게다가 1학년은 손이 많이 가는 학년이기도 하고, 반 모임도 자주 있다는 소리를 들으면 진지하게 휴직을 생각할 겁니다. 저도 아이의 입학을 앞두고 많은 고민을 했고, 결론적으로는 휴직을 결정했습니다.

학교 현장에서 지켜본 결과 많은 학부모님이 걱정하는 준비물 챙기기, 이른 하교 시간 등의 문제는 여러 가지 노력으로 보완할 수 있는 부분이라고 생각합니다. 제가 휴직을 결정하게 된 결정적 계기는 등하교였습니다. 3월에는 대부분 부모님이 아이와 등하교를 같이 해 줍니다. 하교 시간이 되면 교문 너머로 어머님들이 쭉 서 있는 진풍경이 보이지요. 저는 이 부분이 가장 마음에 걸려 휴직을 결심했습니다.

저희 아이는 어린이집을 다닐 때도 "엄마, 1등으로 데리러 와 줘.", "엄마, 꼭 엄마가 데리러 와~"하고 다른 친구들과 비교하며 신경을 많이 썼습니다. 만약 아이가 엄마가 곁에 있길 바라는 기색을 비추었다면 한 학기쯤 휴직하는 걸 추천합니다. 3월 한 달 동안 아이와 함께 등하교하면서 이런저런 이야기를 하며 긴장도 풀 수 있고, 다른 부모님과 눈인사도 할 수 있거든요. 사정상 휴직이 힘들다면 3월 한 달만 배우자분과 휴가를 번갈아 가며 쓰는 것도 추천합니다.

하지만 꼭 휴직을 하지 않아도 저녁 시간에 아이와 저녁 식사를 하며 오늘 하루 어땠는지 충분히 이야기를 나눌 수 있습니다. 그리고 책가방 싸는 법, 물건 챙기기, 등교 준비하기 등은 저녁 시간이나 다음 날 아침에 챙겨 줄 수 있는 부분입니다.

1학년 때는 학부모 모임, 반 사교 모임이 많습니다. 첫 아이, 첫 입학을 겪는 부모님은 학교, 반 행사에 무조건 다 참석하려고 노력하는 편입니다. 아이가 좋아하면 일을 하다가도 운동 날짜 투표 카톡에 답글을 달고, 하교 후 놀이터에 하루 종일 있습니다. 하지만 내가 아니다 싶으면 주변 엄마들 신경 쓰지 말고, 우리 아이의 관심과 성향만 생각하면서 모임 활동을 그만두어도 됩니다. 그렇게 해도 아이의 인생, 교우 관계에는 문제가 없습니다.

아이가 친구들과 잘 어울리지 못할까 봐, 교육 정보에 격차가 생길까봐, 생일파티나 축구 클럽 등에 참여할 수 없을까 봐 신경이 쓰이겠지만 너무 걱정하지 않아도 됩니다. 이런 걱정을 하면서 전전긍긍하기보다 퇴근 후 아이에게 신경 쓰는 걸 우선으로 해야 합니다.

일하는 엄마의 모습이 아이들에게 더 큰 무언가를 선물해 줄 수 있을 거라고 생각합니다. 저희 아이들은 제가 일하는 엄마인걸 참 좋아합니다. 어린이집이나 유치원에서 주관하는 행사에 종종 참석하지 못할 때도, 출근 시간에 맞춰 일찌감치 아이를 깨우고 등교 준비를 시켜야 하는 게 미안해서 "엄마 출근하지 말까?" 하고 물으면 아이는 오히려 "아니! 엄마 선생님인 거 너무 좋아! 얼른 일하러 가~"라고 말해 줍니다.

결론은 초등학교 1학년 시절에는 크고 작게 신경 쓸 게 많아서 1학기(6개월) 정도는 휴직을 권장하지만, 그렇지 않다면 3월 한 달 동안 부모님과 조부모님이 함께 아이를 돌봐 주면 어느 정도 하루 일과에 익숙해지니 큰 걱정은 하지 않아도 됩니다.

Q 1학년도 핸드폰이 필요한가요?

입학하는 아이와 연락을 하기 위해서 핸드폰을 사 줘야 하는지 고민이에요. 연락용으로 사 주었는데 핸드폰으로 게임을 하거나 불미스러운 일이 생기면 어떻게 해야 할까요. 1학년도 핸드폰을 많이 가지고 다니는지, 핸드폰을 사 주는 기준은 무엇인지 궁금합니다.

A 꼭 필요한 경우에만 구입하세요.

입학을 앞둔 학부모님의 가장 큰 고민 중 하나가 핸드폰입니다. 핸드폰을 언제 사 줘야 할지, 사 준다면 사용 시간에 제한을 두어야 할지 끝없는 고민이 펼쳐집니다. 그런데 이 문제에 대한 정답은 없습니다. 단지 부모님의 가치관과 가족별 상황에 따라 달라집니다.

저는 '사 주지 않는다'로 결정했습니다. 막상 교실에 들어가면 생각보다 핸드폰을 안 가지고 다니는 학생들이 많습니다. 핸드폰을 사 주지 않으면 아이가 교우 관계에서 어려움을 느끼지 않을까 걱정이 되기도 합니다. 그러나 등교를 하면 핸드폰 전원을 끄고 실내화 주머니 앞쪽이나 가방에 넣어 두고 꺼내지 못합니다. 그래서 핸드폰이 있는지, 없는지 아이들끼리도 친해지기 전에는 모르는 경우가 많습니다.

맞벌이 부모님은 아이가 하교 후에 혼자 움직여야 하는 시간이 많아지니 안전상의 문제로 핸드폰을 구매해도 좋습니다. 맞벌이가 아니더라도 형제자매를 돌봐야 하거나 학원으로 자녀가 혼자 이동해야 하는 경우도 마찬가지입니다. 아이가 언제든 엄마한테 연락할 수 있다는 심리적 안정감도 중요하고, 실제로 하교 후 학원을 혼자 이동해서 다니면 생각하지 못한 돌발상황이 생기기도 하거든요.

하지만 핸드폰을 사는 목적과 다르게 게임이나 유튜브 등에 노출되는 게 문제입니다. 이 부분이 걱정된다면 왓치폰, 키즈폰, 앱 제한 등의 방법을 쓸 수 있습니다.

사실 초등학교에 입학하면 핸드폰 유무를 떠나 핸드폰에 노출이 될 수밖에 없습니다. 결국 핸드폰 오남용의 근본적인 해결책은 핸드폰을 사 주지 않는 게 아니라 사 주기 전에 아이 스스로 핸드폰에 빠지게 되면 무엇을 놓치게 되는지 이유를 생각해 보고 게임과 핸드폰 사용에 대한 자기 조절 능력을 기르는 것입니다. 스스로 게임과 핸드폰을 대신할 수 있는 유익한 활동이 있는지 생각해 보고 게임이나 핸드폰에서 눈을 돌려 신나고 새로운 경험들로 삶을 꽉꽉 채우는 것이 중요합니다.

핸드폰은 연락 수단으로만 사용하고 주말이나 평일 오후 약속된 시간만 사용하고 스스로 절제하기를 가르쳐 주세요. 저도 아이가 초등학교 입학하기 전에 아이에게 핸드폰 중독 관련 어린이 도서를 많이 읽어 주고, 자기 조절 능력을 길러 주는 독후활동도 많이 해 주었습니다.

핸드폰, 태블릿 PC와 같은 스마트 기계 사용은 거부할 수 없는 시대적 흐름이니 무조건 반대하지 말고 자기 조절 능력을 길러서 현명하게 디지털 소비를 할 수 있는 학생으로 키우는 것이 중요합니다.

부모는 아이의 거울입니다. 당장 나부터 핸드폰을 보는 모습을 아이에게 너무 많이 보여 주는 것은 아닌지 확인해 보고, 아이 앞에서 핸드폰 사용을 줄이고 함께 독서하는 모습을 보여 줘야 합니다.

Q 담임 선생님에게 투약 의뢰를 해도 될까요?

잔병치레가 많은 아이를 키우고 있어요. 입학이 코앞인데 아직 혼자서 약을 먹지 못해서 걱정입니다. 유치원에서는 선생님이 도와주었는데 학교에서도 선생님이 도와주시나요? 보건실에 가서 도움을 요청해야 할까요?

A 초등학교는 기본적으로 투약 지도를 하지 않습니다.

유치원과 어린이집에서는 투약 시간, 용량, 방법, 보관 방법까지 투약 의뢰서를 종이나 앱을 통해서 작성했습니다. 투약 의뢰서를 보고 선생님이 복용 방법에 맞춰서 아이들에게 약을 먹이는데요, 학교에서는 원칙적으로 투약 의뢰를 받지 않습니다. 초등학교에서는 아이에게 스스로 약을 먹을 수 있게 당부해서 보내는 걸 원칙으로 합니다. 스스로 약을 먹을 수 없다면 의사 선생님에게 하루 2회 약으로 조제하여 아침, 저녁만 먹일 수 있는지 의뢰하는 방법도 있습니다.

제 경험을 이야기해 보겠습니다. 저는 학부모님이 요청하는 투약 의뢰는 받지 않았습니다. 하지만 아이들이 스스로 도전하다 힘들어서 도움을 요청할 경우 투약을 도와줬습니다. 약을 못 먹는 아이라면 스스로 도전해 볼 수 있게 격려해 주고, 정 못 먹겠으면 선생님에게 도움을 요청할 수 있게 연습시켜 주세요. 해열제도 챙겨서 보내기보다 아이에게 열이 나거나 머리가 아프면 선생님에게 도움을 요청하도록 연습시켜 주세요.

약은 잘 보이는 곳에 담아 가방에 넣어 주는 게 가장 좋습니다. 제가 담임하면서 보니 지퍼백에 넣어서 가방 고리에 달 수 있게 해 주면 아이들이 "아 맞다! 약 먹어야 된다!" 하고 잘 기억해 냅니다.

1학년이라 해도 아직 어린아이인데 학교는 너무 냉정한 것 같다고 생각하는 부모님들이 있을 수 있습니다. 저도 엄마이기에 그 마음 충분히 이해하고 공감합니다. 얼마 전에도 아이가 아팠는데 약은 제대로 먹었는지, 아픈데 선생님에게 말씀도 못 드리고 끙끙 앓는 건 아닌지 걱정되어 구구절절 하이톡을 썼다 지웠다 했었지요. 그런데 언젠가는 스스로 해야 할 일이고, 그 시기를 초등학교 입학으로 정했다고 생각하니 마음이 조금 편해졌습니다.

1학년 1학기에는 아이들이 스스로 투약하는 걸 힘들어하지만, 약을 쏟기도 하고 서로 먹여 주고 하면서 1학년 2학기만 되어도 가루약 물약 섞어서 착착착 잘 먹습니다. 그러니 2학년만 되어도 초등학교 투약 의뢰로 고민하는 학부모님도 거의 없습니다.

 아이 스스로 약 챙겨 먹는 방법

쪽지에 담임 선생님이나 보건 선생님의 확인을 받아 오도록 합니다. 그러면 아이들에게 동기부여가 되고 스스로 약 먹는 시간도 잊지 않게 됩니다. 아이가 확인 쪽지를 받아 오면 많이 칭찬해 주세요.

ⓠ '학생 이해 조사서'는 어떻게 적어야 할까요?

아이가 학교에서 '학생 이해 조사서'를 받아 왔어요. 처음 받아 보는 거라서 무엇을 적어야 할지 난감합니다. 학생 이해 조사서는 아이의 어떤 면을 보기 위해 쓰는 건지, 얼마나 자세하게 써야 하는 건지 궁금합니다.

ⓐ 객관적 정보 위주로 적는 게 좋습니다.

학기 초 3월이 되면 아이들이 가정통신문으로 '학생 이해 조사서' 또는 '학생 기초 조사표'라는 종이를 받아 옵니다. 이것은 아이의 기본 정보를 학부모가 작성하는 설문지입니다. 학생 이해 조사서를 작성할 때는 다음 3가지 사항을 잘 고려해 작성해야 합니다.

── ① 아이의 상태를 최대한 솔직하고 자세하게 적기

담임 선생님은 이 조사서를 보고 학생에게 선입견을 갖지 않습니다. 저는 자세하고 솔직한 조사서를 받으면 1년 동안 그 부분을 고려해서 지도했습니다. 아이의 상태에 대해서 솔직하게 알려야 할 부분이 있다면 학기 초에 담임교사에게 정확하게 알려 주는 것이 큰 도움이 됩니다.

── ② 지도 요청의 말은 빼기

가정에서 지도하는 내용을 선생님에게 전달하면서 지도 요청을 하는 부모님이 있습니다. 하지만 선생님은 이런 부분을 들어주기 어렵습니다. 대신 아이의 학교생활 등 지도해야 할 부분이 보이면 선생님 판단하에 지도가 들어갑니다. 그러니 아이의 행동, 습관 등을 적으며 '가정에서는 이렇게 지도하고 있다.' 정도로 객관적인 정보 전달에 중심을 두어 적으세요.

─── ③ 가정 협조 알리기

학교에서 지도하는 내용이 가정에서도 이뤄진다면 아이가 학교생활에 적응하고 바른 학습 태도를 가지는 데 좋은 환경을 갖출 수 있습니다. 그래서 저 같은 경우에 '가정에서도 협조하겠습니다.'라는 내용을 적으신 부모님에게는 아이의 부족한 부분을 공유하거나 같이 개선해야 하는 점을 편하게 나눌 수 있었습니다.

❓ 학부모 총회는 꼭 가야 하나요?

학부모 총회에 참석하라는 안내문을 받았어요. 반 엄마들 얼굴도 익히고 싶지만 사정이 여의치 않아 참석하기 어려울 것 같아요. 학부모 총회는 무엇을 하는 자리인가요? 저 대신 다른 사람이 가도 괜찮을까요?

🅐 학교 교육과정 학급 운영에 관한 설명을 듣는 자리입니다.

학부모 총회란 담임 선생님의 전반적인 소개, 학교 교육과정 운영, 학급 운영에 대한 설명을 듣는 자리입니다. 강당에서 1차 학교 교육과정 설명을 진행하고 각 학급으로 이동해서 학급 운영에 관한 설명을 듣거나, 처음부터 교실에 모여서 학교 교육과정 및 학급 운영에 대한 설명을 듣습니다. 담임 선생님의 교육관과 중요하게 생각하는 것들을 알 수 있는 좋은 기회이므로 꼭 참석하기를 바랍니다.

학부모상담과 학부모총회를 같은 것으로 오해하는 학부모님도 있습니다. 학부모 상담은 담임 선생님과 약속을 잡아서 아이에 대한 이야기를 나누는 상담입니다. 학부모 총회는 우리 아이에 대한 이야기는 하지 않고 우리 아이가 속한 학급, 학교에 대한 전반적인 설명을 듣는 자리입니다.

담임 선생님은 총회 참석자가 단 한 분뿐이라도 총회를 진행해야 합니다. 제 경우에는 이왕 열심히 준비한 건데, 많은 학부모님이 참석하는 게 좋았던 것 같습니다. 하지만 무리해서 필참해야 하는 자리는 아니니 부담 갖지 않아도 됩니다.

학부모 총회 때는 반 대표를 뽑습니다. 학부모 반 대표가 되면 학부모 회의나 학교 간담회에 반 대표로 참석하고 회의에서 결정된 내용을 반 학부모에게 전달합니다. 운동회, 생존 수영, 급식 모니터링 등 학교 행사에 자원해서 봉사를 합니다. 보통 상반기, 하반기에 반대표 모임이 있습니다. 학부모회 안에서 적극적으로 활동하면 할 일이 많겠지만 이래저래 바빠서 못 가게 되면 그런대로 또 흘러가니 너무 걱정하지 않아도 됩니다. 반 대표는 어머님만 하는 일이라고 생각하는데요, 아버님도 가능합니다.

담임 선생님은 학교와 반을 위해서 봉사해 주는 학부모님에게 감사한 마음을 가지지만 아이에게 어떤 특혜가 주어지지는 않습니다.

Q 학부모 상담에는 무엇을 얘기해야 할까요?

학부모 상담이 잡혔어요. 궁금한 것도 많고 하고 싶은 이야기도 많지만, 짧은 시간 동안 어떤 걸 물어야 아이에게 도움이 되는지 궁금합니다. 학교생활 위주로 얘기해야 할까요, 아니면 걱정되는 것 위주로 얘기해야 할까요.

A 아이의 특성을 미리 파악해 보세요.

초등학교에 입학한 뒤 3월 말 또는 4월 초가 되면 첫 학부모 상담을 하게 됩니다. 제가 3월 학부모 상담에서 제일 먼저 하는 질문은 "유치원 생활은 어땠나요?"입니다. 왜냐하면 담임 선생님은 아직 아이의 행동 특성을 충분히 파악하지 못하기 때문에 과거 아이 생활을 바탕으로 정보를 수집하는 것이 목적이기 때문입니다. 이때 "별다른 특이사항 없이 잘 지냈어요."라고 두루뭉술하게 대답하면 학기 초 상담 목적에 큰 도움이 되지 않습니다. 아이의 수업 태도(집중력, 이해력, 의지력), 교우 관계(새로운 친구를 사귀는 능력, 갈등 상황 시 대처법), 생활습관 중 특이사항을 부모님이 미리 파악하고 있다가 학기 초 학부모 상담 때 선생님에게 구체적으로 전달해 주면 교사가 1년 동안 아이의 특성을 이해하는 데 큰 도움이 됩니다.

예를 들어 "수업 시간에 바른 자세로 앉아 집중을 잘하는 편이고, 수학이나 언어 활동을 수행하는 데 어려움이 없었어요. 그리고 활동을 끝까지 잘 마무리한다고 들었습니다(수업 태도). 수줍음이 있는 편이나, 또래와 지내는 게 어렵지 않고 갈등이 적은 편입니다. 갈등이 생겼을 때는 언어로 의사 표현을 전달하지 못하고, 시무룩하게 의욕을 잃은 모습을 보인다고 알고 있습니다(사회성). 배변 처리 연습이 아직 부족하여 깔끔하지 못하고, 편식하는 습관이 있어 식사 시간이 길다고 들었습니다(생활습관·건강)." 정도로 미리 정리해서 3월 학부모 상담 때 담임 선생님에게 전달해 드리거나 학기 초에 나눠 주는 학생 기초 이해 조사서에 구체적으로 자세히 적습니다.

담임 선생님은 아이가 가진 장점과 단점을 이야기해 줍니다. 대부분 아이는 집에서 생활할 때와 다르게 학교에서 생활합니다. 그래서 "어머님, ○○이가 좋지 않은 습관이 있어요. 가정에서 지도 부탁드립니다."라고 이야기하면 놀라기도 하고 실망하기도 합니다. 선생님이 지적한 부분이 있다면 너무 심각하게 받아들이지 말고, 1년 동안 아이와 함께 개선해 나가면 됩니다.

학부모 상담을 마치고 아이를 만난다면 고쳐야 하는 부분보다 칭찬 위주로 해 주면 좋습니다. "엄마는 1학년 생활이 어려울까 봐 걱정했는데, 선생님 말씀을 들으니 우리 ○○이가 너무 잘하고 있다고 해서 자랑스러웠어~ 엄마 딸 해 줘서 고마워~" 하고 선생님이 얘기한 구체적인 칭찬의 내용도 덧붙여 주면 아이는 다음 날 가벼운 발걸음으로 학교에 올 것입니다.

Q 산만한 아이를 어떻게 지도해야 할까요?

아이가 산만한 편이어서 입학을 앞두고 고민이 많습니다. 수업을 잘 받을지도 걱정이지만 수업에 방해가 될까 봐 더 걱정이에요. 주변에서 집중력을 높이는 방법이 있다고 하는데요, 구체적으로 어떤 건지 궁금합니다.

A 환경 정리, 집중력 연습 등을 해 보세요.

"우리 아이가 너무 산만해서 어쩌죠?" 하고 걱정하는 학부모님이 많습니다. 하지만 걱정할 것 없습니다. 아이들은 원래 산만합니다. 대신 교육 방식 변화와 지속적인 지도를 통해 산만한 행동을 줄일 수 있습니다.

── ① 방해 요소 제거하기

책상에 종이접기, 딱풀, 지우개, 장난감 필통 등이 나와 있으면 당연히 아이는 공부 대신 눈에 보이는 물건을 만지느라 집중력이 저하됩니다. 공부하는 책상은 방해되는 요소를 제거하고 깨끗한 상태로 유지하는 것이 좋습니다. 책상 위에는 필기도구, 학습 문제집만 올려 주세요.

거실에는 TV 소리나 라디오 소리가 들리지 않게 최대한 조용한 공간을 만들어 주세요. 반복적으로 들려오는 크고 작은 소음은 아이의 집중력을 방해하는 요소가 됩니다.

② 집중력 키우는 연습하기

밸런스 게임, 아이가 즐겨하는 보드게임 등 아이가 몰두할 수 있는 활동이 집중력을 키우기에 좋습니다. 처음부터 공부에 집중하라고 말하는 것보다 아이가 집중하는 연습을 충분히 해 보고 집중하는 시간을 늘려간 뒤 공부를 하게 만드는 것이 좋습니다. 메모리 게임이나 밸런스 게임처럼 집중력과 관련된 게임이 아니더라도 대다수의 보드게임이 아이들의 집중력과 순발력을 요구하니 아이가 좋아하는 종류의 보드게임을 온 가족이 함께 즐겨 보기를 바랍니다.

③ 한 번에 하나의 과제 처리하기

보통 학부모는 너무 많은 양의 과제를 아이에게 요구합니다. "○○아 약 먹고, 숙제하고, 방 치웠니?" 그럼 아이들은 "엄마, 도대체 뭐부터 하라는 거야?" 하고 헷갈립니다. 순서가 정해지지 않고 당장 해야 하는 일을 3~4가지씩 한꺼번에 이야기하니 아이도 혼란스럽습니다. 아이에게 해야 할 일을 지시 할 때는 한 번에 한 가지씩 이야기해 주세요. 처음부터 많은 양의 과제를 해결하는 것보다 한 가지씩 스스로 해 나가는 성취감을 느끼는 것이 중요합니다.

④ 듣기 연습하기

산만한 아이들의 경우 교사의 지시를 못 듣는 경우가 많습니다. "선생님 뭐라고요?", "선생님 못 들었어요.", "선생님 다시 말해 주세요." 는 교실에서 가장 많이 듣는 이야기 중 하나입니다. 이럴 때는 가정에서 듣기 연습을 해 주면 좋습니다. 부모님의 입 모양만 보고 무슨 말을 했는지 맞히기 놀이를 해 보는 것도 도움이 됩니다. '가라사대' 놀이나 '청기 백기' 놀이를 하는 것도 좋습니다. 말에 집중하는 놀이를 통해서 아이의 경청 능력을 길러 줍니다.

또 눈을 감고 오디오 북의 이야기를 들으며 상상하는 것도 듣는 재미를 알게 하는 방법이 될 수 있습니다. 저는 자기 전에 불을 다 끈 상태에서 아이들에게 재미있는 이야기를 해 줍니다. 아이들에게 듣기의 중요성을 가르쳐야 할 때는 다른 방해 요소 없이 '듣기'만 할 수 있는 환경을 제공해 주는 것이 큰 도움이 됩니다.

Q '학생정서·행동특성검사'란 무엇인가요?

학생정서·행동특성검사를 받는다는 안내를 받았습니다. 제가 학교 다닐 땐 이런 검사가 없었던 것 같은데, 무엇인지 잘 모르겠어요. 혹시 특정된 아이만 받는 검사일까요?

A 1학년에 입학하면 실시하는 검사입니다.

1학년에 입학하면 '학생정서·행동특성검사'를 실시하게 됩니다. 학생정서·행동특성검사는 교육부에서 매년 실시하는 검사로 아동·청소년기에 주의 깊게 살펴봐야 하는 정서·발달 정도를 평가하고, 학생 개개인의 성격 특성에 맞는 양육과 교육 정보를 학부모님에게 제공해 줍니다. 초등학교에서는 1학년, 4학년 2번 실시하게 됩니다. 교육청 및 학교 기본 계획에 따라 4월 중에 실시하며 검사 비용은 전액 무료입니다.

학생들의 정서, 행동특성 전반에 관해 온라인으로 학부모님이 설문에 응답합니다. 시간은 10~30분 내외로 소요됩니다. 최근 3개월 동안 자녀를 관찰한 부모님의 답변으로 자녀의 성격특성과 행동발달, 정서를 평가하게 되는데요. 검사결과 정서행동문제 총점이 기준 점수 이상이면 관심군으로 분류되어 학교 상담실 및 전문 기관으로 연계됩니다. 일반적으로 전체 학생 대상으로 약 6~7% 정도가 관심군으로 나타납니다.

관심군으로 분류되면 아이에게 불이익이 있는지 많이 걱정하시는데 절대 아닙니다. 검사결과는 우편물로 밀봉하여 가정으로 발송되고 상담교사, 학부모, 담임교사 최소한으로만 결과가 공유됩니다. 마찬가지로 생활기록부에도 검사결과가 기록되지 않습니다. 실제 1학년 담임을 하다 보면 상담 연계 지원이 필요하다고 생각되는 아이가 있는데, 아이가 나쁘게 평가받는 걸 우려한 부모님이 솔직하지 않게 답변하여 정상군으로 나오는 경우가 있습니다. 반대로 정상군인데 학부모님이 너무 민감하거나 엄격하게 기준을 적용해서 답변하는 경우 관심군으로 나오기도 합니다. 우리 아이가 관심군으로 분류되면 너무 놀라고 당황스럽겠지만, 반대로 조기 상담을 통해 미리 예방하는 차원으로 좋은 기회가 될 수 있다고 생각하고 솔직하게 작성하도록 합니다.

 심리 검사를 권장하는 경우

학교 현장에서 아이들을 가르치다 보면 유난히 주의가 산만하거나 늘 불안해하는 등의 증상을 또래보다 유독 심하게 나타내는 아이들이 있습니다. 이럴 때는 학부모님에게 정확한 전문가의 진단을 받아 보라고 권하는데 그 과정이 같은 부모로서 조심스럽기도 하고 속상하기도 합니다. 그래도 아이의 발전을 위해 담임 선생님들이 전문기관 검사를 권고하는 경우에는 최대한 빠른 시일 내로 전문기관에 방문하여 검사를 받으면 좋습니다. 실제 경험한 결과 1학년 아이들의 경우 약물 치료를 통해 빠르게 상태가 좋아지는 아이들이 많습니다. 실제로 저희 반 제자가 약물 치료를 통해 큰 효과를 봤기 때문에 저는 치료가 필요해 보이는 아이들에게는 학기 초에 꼭 전화를 해서 전문가와 상담받길 권합니다.

Q 아이가 혼자 노는 것 같아요. 어떻게 해야 할까요?

아이에게 학교생활을 물어보면 "혼자 놀았어."라는 말을 해요. 이 말을 들을 때마다 가슴이 철렁 내려앉는데요, 주변에서는 아이가 말을 잘 못 전달할 수도 있다 하더라고요. 현명하게 대처하는 방법을 알려 주세요.

A 아이의 이야기를 듣고 지켜보는 것이 중요합니다.

3월 학부모 상담을 하다 보면 "아이가 매일 혼자 놀았다고 하는데 정말인가요?"라는 질문을 종종 받습니다. "혼자 놀았다."라는 말을 들은 순간에는 가슴이 철렁하고 신경이 많이 쓰이겠지만 일부를 제외하고는 크게 걱정할 필요 없는 상황인 경우가 많습니다.

어른들처럼 아이들도 혼자 있고 싶을 때도 있고, 친구들과 같이 어울려서 놀고 싶을 때도 있습니다. 1교시 쉬는 시간엔 혼자 놀이 했다가, 2교시 쉬는 시간엔 A라는 친구와 블록 놀이를 했다가, 3교시 쉬는 시간엔 B라는 친구와 다른 놀이를 했더라도 "오늘 학교에서 뭐 했어?"라는 질문을 받으면 "(1교시 쉬는 시간에)혼자 놀았어."라고 하는 게 1학년 아이들입니다. 이럴 땐 놀라지 말고 "혼자 놀아도 재미있었어? 그랬다니 다행이다! 그래도 내일은 친구들이랑 함께 놀아 봐!", "혼자 놀아도 즐겁지만, 함께 놀면 또 다른 재미를 느낄 수 있어." 하고 꾸준히 관심을 가져 주세요.

아이들은 초등학교에 입학해서 부딪치고 상처도 받으며 어우러지는 법, 함께하는 법, 조금 안 맞는 친구와도 잘 지내는 법을 배우게 됩니다.

학교는 안전하게 아이가 독립된 인격체로서 성장을 해 나가는 장소이 니 조금 속상해도 의연하게 아이들의 성장을 응원해 주세요.

"엄마 나 A와 B랑 놀고 싶은데 안 놀아 줘서 혼자 놀았어.", "엄마 나 친구들이랑 어울리고 싶은데 말 걸기가 힘들어서 눈물이 났어." 등의 경우는 아이가 본인 의지와는 다르게 학교에서 혼자 지내다 온 상황입 니다. 이런 경우엔 부모의 개입이 필요합니다.

먼저 이런 상황을 잘 알고 있어야 하는데요, 크게 2가지로 나누어 볼 수 있습니다. 첫 번째, 아이들 사이에 큰 문제가 없지만 친구와 어울려 놀기를 어려워하는 경우가 있습니다. 이 경우엔 시간을 두고 지켜봐야 합니다. 시간이 해결해 주는 경우도 있기 때문이지요. 아이를 믿고 기 다려 주면 결국은 친구들에게 용기 내어 다가가고 마음 맞는 친구와 행복한 학교생활을 해 나갑니다. 이때 부모님이 나서서 친구들끼리 어 울릴 기회를 제공해 주거나, 집에서 친구에게 다가가는 연습을 함께하 면 아이를 도울 수 있습니다.

두 번째는 아이들 일부가 '의도적인 편 가르기'를 해서 아이가 소외 되는 경우입니다. 학원에서 이런 일이 일어났다면 학원을 끊고 아이를 상처받게 하는 아이와 접촉을 차단하는 게 가장 빠른 방법이지만, 학교 는 끊을 수 없으니 난감하기만 합니다. 게다가 같은 반 안에서 이런 일 이 일어나면 부모님이 속상함을 넘어서 화가 나게 되어 '부모 싸움'으 로 번지기도 합니다. 실제로 고학년 담임을 할 때 이런 상황에 놓인 적 이 있었습니다. 결국엔 다들 화해하고 잘 해결되었지만 기억에 오래 남 았습니다.

만약 아이가 두 번째 상황을 겪고 있다면 부모님은 담임 선생님에게 이 사실을 빨리 알려야 합니다. 1학년의 경우 아이들이 아직 어리기 때문에 담임 선생님이 반 전체를 대상으로 따끔하게 교육하면 문제가 바로 해결되지는 않더라도 더 나빠지지는 않습니다. 가정에서는 부모님이 "어디를 가도 그런 친구는 꼭 있다! 엄마도 어릴 때 같은 반 친구가 그랬는데 오히려 신경 안 쓰고 생활했더니 결국 나중엔 모두가 알게 되더라." 하고 이야기해 주는 것입니다. 아이의 다친 마음을 따뜻하게 헤아려 주세요.

몇 년간 담임을 하며 지켜보니 결국은 시간이 다 해결해 주고 언제 그랬냐는 듯 아이들끼리 금세 다시 친해집니다. 교우 관계가 힘들어 매일 울적한 내 아이의 모습은 어쩌면 친구가 너무도 소중한 초등 시기의 아이들에게 당연한 일일 수도 있습니다. 이런 내 아이의 모습이 답답하고 속상하겠지만 아이와 계속 대화하고 많이 사랑해 주세요. 아이들의 학교생활을 지켜봤을 때 기다림이 답인 순간들이 많았습니다.

 집에서 하는 감정교육

학교에 입학하면 기쁘다, 슬프다, 당황스럽다, 신난다, 행복하다, 떨린다 등의 다양한 감정을 배웁니다. 나의 감정을 올바르게 표현하고 친구의 감정을 이해하는 감정교육은 학교에서만 이루어지지 않습니다. 부모와 반복해서 연습해야 학교에서 표현할 수 있지요. 그래서 부모님은 아이들에게 "우리 딸이 이렇게 해 주었더니 엄마 정말 행복해~", "아깐 우리 ○○이가 화가 많이 났지? 그래도 심호흡하고 동생에게 잘 설명해 줘서 고마워. 엄마는 우리 ○○이가 참 대견하단다."처럼 감정에 대한 표현을 많이 해 주세요. 본인의 감정을 잘 표현하는 아이가 혼자 힘들어하지 않고 행복한 학교생활을 합니다.

Q 아이가 선생님과 마찰이 있었어요. 어떻게 해결해야 하나요?

아이가 선생님과 마찰이 있었어요. 얘기를 들어 보니 부당한 대우를 받았더라고요. 바로 얘기를 해서 해결해야 하는지요.

A 아이와 충분한 대화를 깊게 나누고 아이 스스로 선생님에게 이야기 해 보도록 합니다.

기본적으로 초등학생은 직접 선생님에게 본인의 일을 이야기할 수 있습니다. 하지만 아이 학교생활에 있어서 궁금한 사항이나 요청 사항 들이 생겨 직접 물어보고 싶을 때가 있지요. 그런데 막상 물으려고 보니 이걸 선생님에게 물어도 되는 건지, 의도하진 않았지만 내 질문이 악성 민원이 되는 건 아닐지, 진상 학부모로 보여지는 건 아닌지 하는 걱정이 들 수 있습니다.

선생님에게 전달하고 싶은 민원이 있을 때 꼭 기억해야 할 4가지 원칙을 알려드립니다.

—— ① 아이가 직접 전하기

가끔 부모님 연락을 받고 나서 아무렇지 않아 보이는 아이를 볼 때면 이것이 아이의 불편인지, 부모님 불편인지 판단이 서지 않을 때가 있습니다. 더불어 부모님의 감정이 전달되기도 합니다. 그런데 아이가 직접 "선생님 저 속상해요."라고 표현하면 두말할 필요도 없습니다.

만약 아이가 자신의 의사를 조리 있게 표현하는 것에 어려움을 느낀다면 편지를 쓰게 해 주세요. 편지로 쓰면 누락되는 내용도 없고 마음을 더 진솔하게 전달할 수 있습니다.

—— ② 아이의 말만 듣고 상황 판단하지 않기

부모님이 직접 담임 선생님에게 있었던 사실을 전달해야 한다면 미리 결론을 짓지 말고 "우리 아이의 말은 이렇습니다. 양쪽 아이의 이야기를 들어 보지 못해서 우선은 저희 아이 이야기를 남깁니다."라고 전달하는 것이 좋습니다.

—— ③ 메시지로 전달하기

담임 선생님도 문제 상황에 대해 알아보고 준비하는 시간이 필요합니다. 더불어 격앙된 목소리를 통해 불필요한 감정이 전달될 수 있으니 통화는 지양해 주세요.

연락해야 할 때는 시일을 좀 가져 보고(상황을 깊게 파악해 보고) 연락을 하는 게 좋습니다. 특히 그 피해가 일회성인지 지속적인지 지켜볼 필요가 있습니다. 크지 않게 지나갈 수도 있기에 조금 기다려 보는 걸 추천합니다.

실제로 제가 겪었던 일입니다. 아이가 하교하며 엄마에게 "선생님이 내 수학익힘책은 검사해 주기 싫다고 했어."라고 이야기를 했습니다. 아이의 말만 들은 부모님 입장에서는 순간 화가 날 수 있습니다. 동시에 머릿속에서 반 아이들이 있는 곳에서 우리 아이가 이런 이야기를 선생님에게 듣는 상황이 그려질 겁니다. 하지만 이 얘기만 듣고 곧바로 "진짜? 선생님이 그랬다고?" 하며 크게 반응을 하면 안됩니다.

먼저 객관적인 상황 파악을 충분히 해 주세요. 어떤 상황에서 그 일이 일어난 건지, 선생님이 왜 그랬을지 아이와 이야기하다 보면 실제 상황을 파악할 수 있습니다. 사실은 수학익힘책을 선생님이 알려 준 방법이 아닌 다른 방법으로 문제를 제대로 읽지 않고 잘못 해결해서 고쳐 오라고 하자 학생이 대충 고치는 시늉만 하고 다시 검사를 받으러 오자 선생님이 "이렇게 하면 검사 못해 줘. 다시 읽어 보세요~"라고 한 상황입니다.

종종 아이의 말을 들어 주는 것만으로도 아이 스스로 답을 찾을 때가 있습니다. "그런데 다음부터는 선생님 말씀대로 한 번 더 꼼꼼하게 살펴봐야겠어.", "다시 생각해 보니 오늘 조금 실수한 것 같아~"라고 스스로 행동을 돌아보고 반성하며 배우는 시간을 가집니다.

만약 부모님이 충분히 들어 주지 않고 바로 학교로 전화했다면 아이는 다음부터 '이렇게 하면 엄마가 나에게 바로 집중해 주는구나!' 하고 생각해 이런 식의 말하기 방법을 사용할지도 모릅니다.

아이가 기분이 안 좋아 보이고 걱정이 된다면 학교생활에 대해 자연스럽게 질문해 보세요. "오늘 제일 기억에 남는 건 몇 교시였어?", "방과후학교에서는 뭐 특별한 일 없었어?", "쉬는 시간에는 무슨 놀이를 하고 놀았어?" 등 구체적으로 질문을 합니다. 이때는 교우 관계가 걱정되더라도 "너 요즘 누구랑 제일 친해?", "오늘은 누구랑 놀았어?" 등으로 친구를 특정해서 이야기하는 것은 좋지 않습니다. 아이들은 학기 초에 서로의 이름을 잘 기억하지도 못할뿐더러 놀이에 따라 흩어졌다 뭉쳤다 하며 순식간에 노는 친구들이 바뀌는 것이 특징입니다.

❓ 용돈을 줘야 할까요?

학교에 오가면서 간식을 사 먹을 일이 있을 것 같아서 용돈을 주려고 합니다. 그런데 막상 주려고 하니 용돈이 필요한가 싶어요. 용돈을 얼마나 줘야 하는지도 궁금해요.

🅰 하루에 액수를 정하고 주세요.

학교에 지갑을 들고 다니는 아이들이 있습니다. 초등학생이 되면 하교 후 바로 학원을 가고 중간중간 간식을 사 먹어야 하는 일이 생기기 때문에 많은 아이가 용돈을 가지고 다닙니다. 용돈 체크카드를 가지고 다니는 아이들도 많습니다.

반대로 학교와 집만 오가면 용돈이 따로 필요 없습니다. 간식을 사 먹기 위해서 용돈을 준다면 하루에 1,000~2,000원 정도면 충분합니다.

제 SNS 계정에서 실시한 설문조사에 따르면 초등학교 저학년 아이들 용돈은 1주일에 5,000원이 알맞다가 74%로 가장 많았습니다. 요즘 아이들은 너무 풍족하게 자랍니다. 사고 싶은 장난감, 먹고 싶은 간식은 바로바로 살 수 있습니다. 종종 이런 풍족함이 정말 우리 아이들을 위한 길인가 싶은 순간들이 있습니다. 아이들에게 넉넉한 용돈보다는 조금 부족한 용돈을 주는 것이 좋습니다. 아이가 사고 싶은 물건이나 먹고 싶은 간식을 구매하기 위해 하루쯤은 돈을 모으고 참고 기다리며 계획적인 소비를 할 수 있도록 해 주세요.

종종 큰돈(10,000원 이상)을 들고 다니는 학생들은 "내가 사 줄게!" 하며 친구들에게 호의를 베푸는 경우가 많습니다. 한 아이가 아이들에게 간식을 사 주느라 지갑에 있던 큰돈을 모두 쓰고 난 뒤 학부모님에게 전화가 왔습니다. 아이에게 용돈을 주었는데 돈이 모두 없어졌다고 하며 당황해했습니다. 아이들은 경제관념이 확립되지 않은 나이기 때문에 너무 큰돈을 주거나 돈 관리를 맡기면 곤란한 상황이 발생합니다. 누군가에게 물건을 사 달라고 하지도 말고, 누군가가 물건을 사 준다고 해도 "고맙지만 괜찮아. 마음만 받을게!" 하고 사양하는 법을 알려 주세요. 생각보다 아이들끼리 물건을 주고받는 문제에서 많은 학교폭력 문제가 발생합니다. 가장 좋은 예방 교육은 '사 주지도, 받지도 않는 것'입니다.

Q 교과서수록도서를 먼저 읽고 입학해야 할까요?

학교에 들어가면 책 읽을 시간이 많지 않다고 들어서 교과서수록도서와 교과연계도서를 공부하려는데요, 맞는 걸까요?

A 예습보다는 복습에 집중해야 합니다.

교과서수록도서란 초등학교 교과서에 일부 또는 전체 내용이 들어가 있는 책을 말합니다. 교과서에 수록되었다는 것은 그만큼 작품성이 있다는 거고 전문을 읽어 보면 좋기 때문에 교과서수록도서를 구매하거나 대여해서 읽는 것은 찬성입니다.

그래서인지 요즘 학부모는 입학 전에 아이에게 미리미리 교과서수록도서를 읽게 합니다. 학교에서 아이가 아는 내용의 책이 교과서에 등장하면 반갑고 수업에 흥미가 더 생길 수 있습니다. 그러나 저는 교과서 속 작품이 나올 때마다 "나 이거 아는데!" 하면서 뒤 내용을 말하던 아이로 인해 수업 분위기를 망친 적이 있었고, 아는 내용이라도 다른 친구들을 위해 이야기하지 않기로 여러 번 지도했던 경험이 있습니다.

현직 교사 선생님들에게 설문을 받아 보니 교과 수록 도서 예습을 많이 해 온 아이들이 수업을 지루해한다는 의견이 대부분이었습니다. 국어 학습 측면에서 보면 예습의 효과가 있을 수 있지만 초등학교에서는 학교에서 배우는 내용이 즐겁다는 것을 알고 학교 수업에 집중하는 태도를 기르는 것이 중요하다고 생각합니다. 따라서 교과서수록도서는 복습 개념으로 집에서 읽어 보는 게 좋습니다.

Q 소풍, 운동회 같은 학교 행사가 아직 있나요?

코로나 때 학교 행사가 많이 사라졌다고 들었는데요. 지금은 어떻게 운영되고 있는지 궁금해요.

A 이름과 형식이 바뀌었지만 두 행사 모두 있습니다.

우리가 '소풍'이라고 불렀던 행사가 '현장체험학습'으로 바뀌었습니다. 현장체험학습은 주로 봄과 가을, 1년에 2번 가게 됩니다. 아이들이 가장 신나고 교사들도 즐거운 날입니다. 현창체험학습은 교실에서 배울 수 없는 것들을 직접 눈으로 보며 견문을 넓히고 오감 체험을 하며 아이들의 전인적인 발달을 돕는 데 의의를 둡니다.

보통 1학년은 근처 수목원이나 대공원으로 소풍을 갑니다. 이날은 학교 급식이 이루어지지 않으므로 개별 도시락을 지참해야 합니다. 현장체험학습을 위한 가방은 따로 구매하지 않아도 됩니다. 등교 가방을 메고 오거나 작고 가벼운 소풍용 가방을 메고 와도 됩니다. 요즘은 안전상의 문제로 아이들이 외부로 나가는 현장체험학습이 아닌 외부 업체가 학교로 찾아와서 다양한 체험을 하는 '학교로 찾아오는 현장체험학습'을 진행하는 학교도 많습니다.

요즘 학교에서는 운동회를 거의 열지 않습니다. 운동회 준비로 인해 다른 교과목 수업을 못하거나 안전상의 문제가 발생하기 때문입니다. 운동회가 없는 대신에 레크리에이션 업체가 와서 아이들과 운동 경기, 뉴(new) 스포츠, 단체 게임 등을 진행하며 하루를 보냅니다. 아이들이 운동장에 모여서 학년별로 게임도 하고 이어달리기 계주도 볼 수 있습니다.

Q 공개수업에 참석해야 할까요?

공개수업이 열린다는 안내를 받았어요. 그 전까지는 참여수업을 했는데 공개수업과 다른 건가요? 참석하는 학부모는 무엇을 해야 할까요.

A 학부모가 아이의 수업을 참관하는 날입니다.

공개수업(참관수업)의 시기와 횟수는 학교마다 차이가 있지만 보통 1년에 1~2회 학부모 공개수업이 이루어집니다. 1학년은 대부분의 학부모님이 참석합니다. 혹 사정이 있어 참석하지 못한다면 조부모님이라도 참석하는 것이 좋습니다.

공개수업은 교실에 학부모님들이 들어가서 자녀들의 교육 활동을 직접 관찰하는 수업입니다. 보통 1교시(40분)로 운영되며 어린이집이나 유치원처럼 부모가 함께 참여하는 수업이 아닌 뒤에서 아이들의 교육 활동 모습을 지켜보는 참관수업으로 진행됩니다. 상황에 따라서 선생님이 학부모님들을 대상으로 "어린 시절에는 어떠셨어요?"와 같은 몇 가지 수업 관련 질문을 던질 수도 있지만 학부모님이 수업 내내 참여하지는 않습니다.

부모님도 수업 중에 선생님이나 학생에게 말을 걸거나 발표를 부추기는 행동을 해서는 안 됩니다. 종종 "너 알잖아! 빨리 말해~" 하며 뒤에서 아이들의 발표를 부추기는 학부모님이 있습니다. 그런 행동은 아이들의 시선을 분산시키고 전체 학급 수업 진행에 방해가 됩니다. 원활한 수업 진행과 교사, 학생들 초상권 문제로 수업 중 사진과 동영상 촬

영은 금지합니다.

학부모 공개수업은 학부모가 자녀의 학교생활 모습을 평가하러 오는 날이 아닙니다. 종종 수업이 끝나고 "너 왜 발표 한 번도 안 했어?", "큰 소리로 발표해야지!" 하고 아이를 꾸중하는 부모님이 있습니다. 아이들은 꾸중이 아닌 칭찬을 먹고 자랍니다. 특히 1학년 첫 공개수업 뒤에는 부족한 부분의 지적보다는 잘한 부분을 칭찬해 주세요.

참관수업이 끝나면 10분 쉬는 시간 이후 바로 다음 수업이 시작되니 자녀와 간단히 인사하고 복도를 완전히 떠나도록 합니다. 선생님에게도 따로 앞으로 나가 인사할 필요 없이 간단한 목례 정도만 나누고 떠납니다.

 공개수업 참관 시 생각할 것

수업을 들으면서 아이의 태도를 바라보고 가정에서 어떤 지도가 이뤄져야 하는지 살펴보면 좋은 학습 태도를 기를 수 있습니다.

생각할 것	체크
선생님 말씀을 경청하는가?	
친구들이 발표할 때 다른 사람의 의견도 귀 기울여 듣는가?	
내 생각을 바른 자세로 발표하는가?	
바른 태도로 즐겁게 학습에 참여하는가?	
친구들과 협력하여 학습 과제물을 완성할 수 있는가?	
오늘 참관한 결과를 바탕으로 가정에서 보완해야 할 점은 무엇인가?	

Q 한글 공부를 하면서 받아쓰기까지 공부하는 게 좋을까요?

아이가 유치원 때부터 한글 공부를 시작했어요. 지금은 간단한 단어나 짧은 문장은 보고 쓸 줄 알지만 맞춤법이나 띄어쓰기가 완벽하지 않아요. 입학하기 전에 받아쓰기 공부를 해야 하는지 궁금합니다.

A 학교, 담임 선생님 재량에 따라 달라집니다.

1학년 학부모님이 가장 궁금해하는 것 중 하나가 '받아쓰기'입니다. 2017년에 교육과정이 바뀌기 전까지만 해도 모든 학교에서 4월에는 받아쓰기를 실시했습니다. 하지만 지금은 쉬운 한글 교육, 국어 정서를 해치지 않는 기쁨을 느끼는 한글 교육을 강조하며 받아쓰기 시험처럼 외워야 하는 교육을 지양하라는 지침이 내려왔습니다. 따라서 많은 학교에서는 1학년 2학기부터 받아쓰기를 하거나 혹은 받아쓰기 자체를 실시하지 않게 되었습니다. 받아쓰기가 법으로 금지된 것은 아니지만 받아쓰기 성적으로 서열화하는 것이 아이들을 힘들게 한다는 다수의 의견으로 인해 지양하는 추세입니다.

이처럼 받아쓰기가 자율화된 상황에서 받아쓰기 실시 여부와 시행 횟수는 담임 선생님 재량에 따라 달라집니다. 저는 1학년 2학기부터 주 1회 받아쓰기를 했습니다. 받아쓰기 시험은 교과서 지문에서 발췌하여 출제합니다.

받아쓰기를 연습할 때는 소리 나는 대로 똑같이 쓰이는 단어 위주로 연습하는 것이 좋습니다. 나비, 가지, 가방, 하마 등이 그 예이지요. 쉬운 낱말 쓰기가 익숙해지면 받침이 있는 낱말을 공부합니다. 호랑이,

기린 등 받침이 있으면서 발음과 맞춤법이 동일한 낱말을 먼저 공부하고 백화점처럼 발음과 맞춤법이 약간 다른 낱말도 공부하면 좋습니다. 1학년 아이들은 '않'과 '안', '많'과 '만'을 구별하지 못합니다. 어른조차도 틀리기 쉬운 어려운 맞춤법은 굳이 취학 전에 가르치지 않아도 됩니다.

가정에서 받아쓰기를 지도할 때 처음 2~3회는 받아쓰기 급수표에 나온 단어나 문장을 한 글자 한 글자 또박또박 읽습니다. 그다음 '보고 쓰기'를 합니다. 저학년 아이들에게는 받아쓰기보다 보고쓰기가 더 효과적입니다.

충분히 연습한 후에는 1번 정도 받아쓰기 시험을 보고 아이의 성취 수준을 확인해 봅니다. 이때 주의할 점은 "왜 이것도 틀리니!", "몇 번을 해야 알겠니?" 등으로 아이에게 핀잔을 주면 안됩니다. 틀린 문제보다 맞힌 문제에 집중해서 칭찬을 해 주세요. 그러면 아이는 절로 받아쓰기에 재미를 느끼게 되고 "엄마 나 또 할래!" 하고 이야기하게 됩니다.

엄마는 읽고 아이는 활동책으로 연습하는
국민 담임 서진쌤의
초등 입학 준비

초판 1쇄 인쇄 2024년 11월 20일
초판 1쇄 발행 2024년 12월 15일

지은이 정서진(서진쌤)

대표 장선희 **총괄** 이영철
책임편집 정시아 **기획편집** 현미나, 한이슬, 오향림
책임디자인 양혜민 **디자인** 최아영 **외주디자인** 올컨텐츠그룹
마케팅 최의범, 유효주, 박예은, 한태희
경영관리 전선애

펴낸곳 서사원 **출판등록** 제2023-000199호 **주소** 서울시 마포구 성암로 330 DMC첨단산업센터 713호
전화 02-898-8778 **팩스** 02-6008-1673 **이메일** cr@seosawon.com
네이버 포스트 post.naver.com/seosawon **페이스북** www.facebook.com/seosawon
인스타그램 www.instagram.com/seosawon

ⓒ 정서진, 2024

ISBN 979-11-6822-352-3 13590

서사원은 독자 여러분의 책에 관한 아이디어와 원고 투고를 설레는 마음으로 기다리고 있습니다.
책으로 엮기를 원하는 아이디어가 있는 분은 이메일 cr@seosawon.com으로 간단한 개요와 취지,
연락처 등을 보내주세요. 고민을 멈추고 실행해보세요. 꿈이 이루어집니다.

바른 교육 시리즈 43

엄마는 읽고
아이는 활동책으로
연습하는

국민 담임
서진쌤의

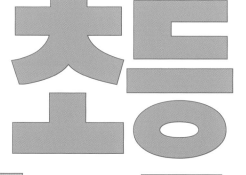

2025
입학 타파

초등
입학 준비

글 정서진(서진쌤) 그림 이미나

활동책

서사원

🐦 나는 누구인가요? 내 소개를 해 봐요.

자기 소개서

내 이름은 _____ 입니다.

우리 유치원/어린이집 이름은

_____ 입니다.

나는 _____ 살입니다.

나는 _____ 초등학교에 갑니다.

드디어 내가
초등학생이 된다니!

입학 준비 1단계부터 23단계까지 페이지를 마칠 때마다 '참 잘했어요' 칸에
내 사인을 하면서 즐겁게 활동해 보세요.

1

1단계

취학 통지서를 받아요

 우리나라에는 '취학 통지서'라는 특별한 편지가 있어요.
입학 준비를 잘하고 있는 어린이들에게만 편지가 온다는데
과연 나도 받을 수 있을까요?

취학 통지서

초등학교	서사원 초등학교
예비 소집일	12. 27

위 아동은 초등교육법 제13조에 의하여 위 학교에 배정되었으니,
취학 통지서를 가지고 예비 소집일에 학교로 오시기를 바랍니다.

 내가 갈 초등학교는 어떻게 생겼을까요? 자유롭게 그려 보세요.

 아이에게 초등 입학에 대한 기대감을 갖게 해 주세요.
아이가 초등학교 입학을 손꼽아 기다리게 됩니다.

나의 다짐을 써요

참 잘했어요
내 사인

🍦 진정한 초등학생이 되기 위한 나의 다짐 3가지를 적어 보세요.

나의 다짐

1.

2.

3.

친구들은 어떤 다짐을 했는지 살펴볼까요?

- 일찍 자고 일찍 일어나기
- 친구들과 사이좋게 지내기
- 매일 숙제와 할 일 먼저 하고 놀기
- 반찬 골고루 먹기
- 만나는 어른들께 예의 바르게 인사하기

 COMMENT ★ 다짐은 무엇이든 좋아요. 아이가 스스로 작성한 다짐이 사소한 것이라도 대단하다고 응원해 주세요!

2 단계

스스로 할 수 있어요

✿ 부모님과 함께 읽고, 내가 할 수 있는 것에 ○표 하세요.
그리고 하나에 1점씩 점수를 계산해 보세요.

| 일찍 자고 일찍 일어나기 | • 부모님과 약속한 시간에 일어나나요? | |
| | • 해야 할 일을 끝내고 일찍 자나요? | |

자기 물건 스스로 정리하기	• 자신의 물건에 이름을 쓰고 스스로 챙길 수 있나요?	
	• 사용한 물건들을 스스로 정리하나요?	
	• 자신의 책상 주변을 스스로 청소하나요?	

다른 사람에 대한 예절 지키기	• 올바른 인사 예절을 알고 있나요?	
	• 웃어른께는 높임말, 친구들에게는 고운 말을 사용하나요?	
	• 친구들과 사이좋게 지내나요?	

| 정해진 규칙 지키기 | • 자신과의 약속 또는 다른 사람과의 약속을 잘 지키나요? | |
| | • 공부하는 시간과 놀이 시간을 정해서 실천하나요? | |

| 바른 화장실 이용 습관 기르기 | • 화장실 사용법을 익혔나요? (노크, 용변 방법, 휴지 사용법, 물 내리기, 문 닫기 등) | |
| | • 용변을 볼 때 스스로 옷을 벗고 입을 수 있도록 연습하고 있나요? | |

4

참 잘했어요
내 사인

올바른 식사 습관 기르기	• 음식을 골고루 먹나요?	☐
	• 식사 위생과 올바른 수저 사용법을 알고 있나요?	☐
자기 생각 자신 있게 표현하기	• 상대방의 말을 귀 기울여 듣나요?	☐
	• 하고 싶은 말을 또박또박 분명하게 말하나요?	☐
입학 전 학습 습관 기르기	• 학습 도구를 바르게 사용할 수 있나요?	☐
	• 의자에 앉아서 학습할 수 있나요?	☐
	• 생활 주변에서 한글과 숫자를 찾아보며 관심을 갖고 있나요?	☐
	• 책을 읽는 즐거움을 느끼고 있나요?	☐

*참고_ 서울시교육청 새내기 학부모 길라잡이

내 점수는 몇 점인가요? _____점

아래에 V표 하고, 스스로 더 잘하기로 약속해요.

☐ **5점 이하**: 입학할 때까지 열심히 노력해 보아요.

☐ **5점~10점**: 부족한 부분에 집중해서 노력해 보아요.

☐ **10점~15점**: 잘하고 있어요.

☐ **15점~ 20점**: 아주 잘하고 있어요.

3 단계 일찍 자고 일찍 일어나요

※ 다음 중 바르게 자는 친구 2명에게 ○표 하세요.
나는 어떤 어린이인가요?

※ 다음 중 바르게 일어나는 친구 2명에게 ○표 하세요.
나는 어떤 어린이인가요?

스스로 씻고 입어요

🧤 씻는 순서에 맞게 번호를 써 보세요.

 1

 4

🧤 내가 스스로 입고 벗을 수 있는 것에 색칠해 보세요.

 양말

 속옷

 바지

 티셔츠

 외투

 카디건

 목도리

 모자

 장갑

 COMMENT ★ 간단한 샤워는 혼자 할 수 있어야 해요. 종종 방학 숙제로 혼자 샤워하기가 나오기도 합니다. 또 내일 학교에 입고 갈 옷을 스스로 준비하고 입어 보는 연습을 합니다.

정답 2-1-4-3

7

4 단계

🦜 입학을 앞둔 내 마음은 어떤가요?
  친구들의 마음을 따라 쓰고, 나와 가장 비슷한 마음에 ○표 하세요.

기 뻐 요 .   신 나 요 .

무 서 워 요 .

 COMMENT ★ 다양한 감정을 알고 나의 감정을 정확히 표현할 줄 알아야 학교생활을
  잘할 수 있습니다.

8

기 대 돼 요 .

지 루 해 요 .

걱 정 돼 요 .

당 황 스 러 워 요 .

COMMENT ★ 아이들이 당황스럽고 걱정되거나 무서울 수 있습니다. "학교에서는 선생님이 엄마라고 생각하렴. 무슨 일이 있을 때는 담임 선생님께 바로바로 말씀드리면 되니까 걱정 안 해도 돼." 하고 아이들이 불안감과 긴장도를 낮출 수 있게 도와주세요.

학용품을 준비해요

→ 부터 • 까지 학용품을 따라 그리고 이름을 찾아 연결하세요.

지우개	자	풀	가위

풀

크레파스	연필	공책

물건에 내 이름을 써요

🖋 내 물건에는 내 이름을 써 두어야 해요. 또박또박 쓰는 연습을
2번 한 다음, 스티커에 써서 실제 내 물건에 붙이세요.

이름:

어떤 물건에
이름을 붙였는지
하나 하나
말해 보세요.

COMMENT ★
 딱풀 뚜껑, 크레파스, 색연필, 사인펜 하나하나 이름을 다 써야 해요.

11

학용품을 안전하게 사용해요

학용품 사용 방법을 소리 내어 읽고, 잘 알겠다는 뜻으로 V표 하세요.

연필깎이에는
연필만 깎고,
연필은 사용 후
꼭 필통에 보관해요.

풀 묻은 손으로
얼굴, 눈을
만지지 않아요.

가위는 엄지손가락과
셋째, 넷째 손가락을
손잡이에 끼우고
검지손가락으로 받쳐요.
가위 날에 조심하세요.

🖋 가위를 안전하게 사용하고 있는 친구를 찾아 ○표 하세요.

① 가위를 친구에게 줄 때는 손잡이를 친구에게 향하게 해요.

② 가위를 친구에게 줄 때는 가위 날을 친구에게 향하게 해요.

③ 손잡이에 손가락을 넣고 가위를 돌리면 재미있어요.

④ 가위 날을 손으로 만져요.

COMMENT ★
가위, 칼 등의 위험한 학용품은 특히 올바른 사용 방법과 예절을 몸에 익힐 수 있게 반복해서 지도해 주세요.

정답 ①

13

7 단계 연필을 바르게 잡아요

🌿 아래의 방법대로 연필을 잡아 보면서, 잘 알겠다는 뜻으로 V표 하세요.

1 가운뎃손가락으로
연필 받치기

2 검지손가락으로
연필 잡기

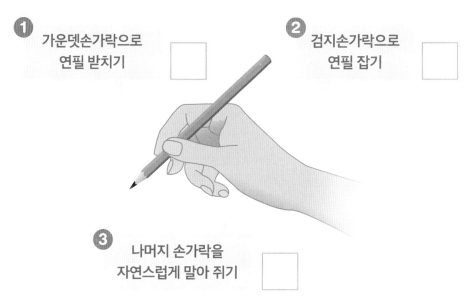

3 나머지 손가락을
자연스럽게 말아 쥐기

🌿 연필을 바른 자세로 잡고, 흐린 글자를 따라 쓰세요.

연필을 너무
세우거나 눕히지 않아요.

연필을 끝에서
엄지손톱 두 번 만큼 띄고 잡아요.

14

🖊️ 연필 잡은 자세가 바르지 않은 것을 3개 골라 X표 하고,
어떻게 고쳐야 하는지 말해 보세요.

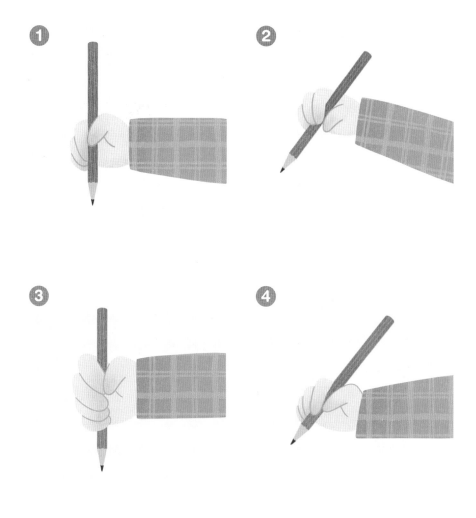

정답 ①, ②, ③ 연필을 너무 세우지 않고 끝에서 엄지손톱 두 번 만큼 띄고 잡는다.

8 단계 안전하게 학교에 가요

🌿 등굣길이 안전한 친구에게 ○표, 위험한 친구에게 X표 하세요.

 아이와 등굣길을 걸으며 충분히 연습해 주세요. 교통안전 지도는
아무리 해도 넘치지 않습니다.

정답 초록불에 손 들고 건너는 남자아이 ○, 다른 아이들 X

16

🐾 신호등에 맞는 표현을 따라 쓰며 소리 내어 읽어요.

빨간불에
멈춰요.
멈춰요.
멈춰요.

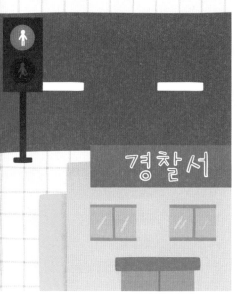

초록 불에
건너요.
건너요.
건너요.

경찰서

COMMENT ★ 등하굣길 교통사고 1위는 달려오는 차를 보지 않고 횡단보도를 건너다 일어나는 경우입니다. 주위를 살피고 초록 불에 손 들고 건너기! 반복 지도해 주세요.

9 단계

도로 표지판을 익혀요

흐린 그림 위에 알맞은 스티커를 붙이고 어떤 표지판인지 말해 보세요.

어린이 보호구역
차는 천천히 운전하세요.

횡단보도
차도를 건널 때는
이곳으로 건너요.

자전거도로
자전거는
이곳으로 다녀요.

공사중
공사 중이니
조심하세요.

모든 교통 표지판을 알려 줄 필요는 없지만 횡단보도, 어린이 보호구역
표지판 2가지는 꼭 알려 주세요.

학교의 선생님들

🌱 보기 의 선생님들을 학교에서 찾아 ○표 하고, 어떤 선생님인지 말해 보세요.

보기

| 교장 선생님 | 담임 선생님 | 영양 선생님 | 체육 선생님 |
| 보안관 선생님 | 보건 선생님 | 사서 선생님 | 상담 선생님 |

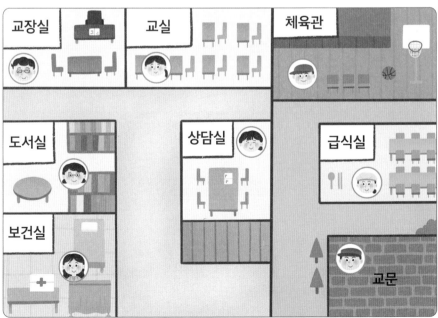

선생님께 인사해요

🖐 학교에서 마주치는 모든 어른들께 "안녕하세요?" 하고 인사해요.

🖐 인사말을 따라 쓰고 큰 소리로 연습하세요.

안	녕	하	세	요	?
안	녕	하	세	요	?
감	사	합	니	다	.
감	사	합	니	다	.

21

학교 이곳저곳

학교에는 교실 말고도 특별실이 많이 있어요. 이름을 따라 쓰고
어떤 일을 하는 곳인지 알아보세요.

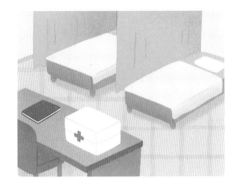

몸이 아플 때 가요.

보	건	실

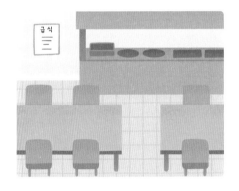

점심 먹으러 가요.

급	식	실

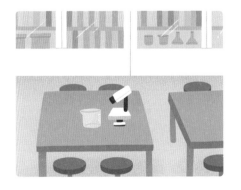

과학 실험하러 가요.

과	학	실

컴퓨터 활용

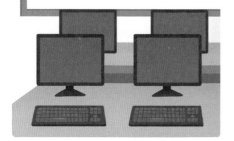

컴퓨터 활용
수업할 때 가요.

컴 퓨 터 실

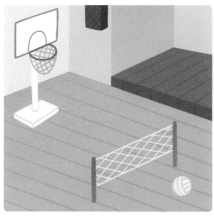

체육 수업하러 가요.

체 육 관

책을 읽거나
빌리고 반납하러 가요.

도 서 실

COMMENT * 특별실이 학교마다 똑같지는 않아요. 내가 다닐 학교에는 어떤 특별실이 있을지 말해 보세요.

23

12 단계

교실을 둘러봐요

내가 가게 될 교실이에요. 교실에 물건들 스티커를 붙이고,
내가 앉고 싶은 자리에 '나' 스티커를 붙이세요.

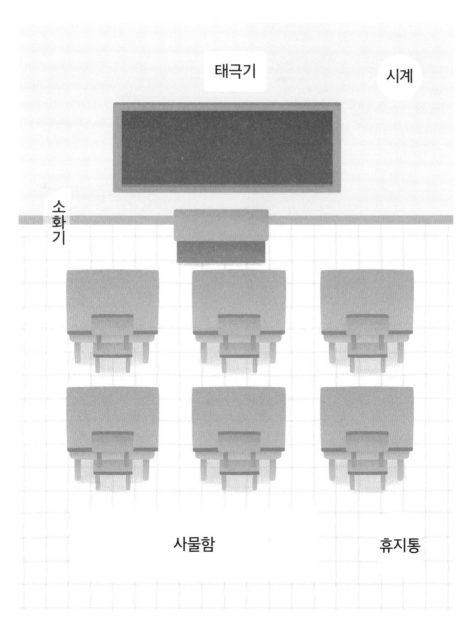

수업 시간과 쉬는 시간

🖋 수업 시간에 무엇을 할까요? 흐린 글씨를 따라 쓰며 읽어요.

- 선생님 말씀을 잘 들어요.
- 공부를 해요.

🖋 쉬는 시간에 무엇을 할까요? 흐린 글씨를 따라 쓰며 읽어요.

- 다음 시간 공부 준비를 해요.
- 화장실에 미리 다녀와요.
- 친구와 실내 놀이를 해요.
- 자리에서 책을 읽어요.

13 단계

화장실 이용은 이렇게

올바른 화장실 이용 방법을 소리 내어 말하고 잘 알겠다는
뜻으로 V표 하세요.

차례차례 줄 서서 기다려요.

휴지는 4칸만 뜯어요.

변기 뚜껑을 닫고 물을 내려요.

손을 씻고 나와요.

화장실을 바르게 이용하는 친구 2명을 찾아 ○표 하세요.

1 쉬는 시간

쉬는 시간이네!
화장실
다녀와야지.

2 화장실 앞

3 화장실

휙

4 수업 시작

지금 화장실
가야지.

정답 ①, ②

26

신나는 운동장

운동장의 놀이기구 이름을 따라 쓰고 그림과 연결하세요.

 • • 구름사다리

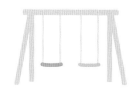 • • 시소

 • • 미끄럼틀

 • • 정글짐

 • • 그네

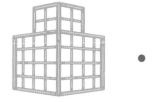 • • 철봉

정답 위에서부터 시소, 그네, 구름사다리, 철봉, 미끄럼틀, 정글짐

27

14 단계

맛있는 급식 시간

🌿 흐린 글자를 따라 쓰고, 급식은 어떻게 하는지 알아보세요.

① 숟가락 과
젓가락 을
한 손에 쥐고,
식판을 잡아요.

② 앞을 잘 보며
식판 을 꽉 잡고
자기 자리로 가요.

③ 다 먹고 남은
음식은 국 칸에
모으고 잔반통 에
버려요.

COMMENT ★ 진한 글자를 강조해 읽으며 급식 요령을 알려 주세요.

✏️ 밥을 먹고 나서 올바르게 물을 마시는 친구 2명을 찾아
   ○표 하세요.

급수대에서 손을
씻어요.

컵에 물을 따라 마셔요.

사용한 컵을 제대로
넣어요.

급수대에 침을 뱉어요.

정답 ②, ③

29

15 단계

바른 자세로 읽어요

 아래의 방법대로 의자에 앉아 보면서, 잘 알겠다는 뜻으로 V표 하세요.

책은 너무 가깝거나 멀게 하지 않고 한 팔을 굽힌 간격으로 적당히 거리를 두어요.

바른 자세는 의자에 허리를 곧게 펴고 앉는 자세입니다.

1 의자에 바르게 앉았나요? ☐

2 허리를 곧게 폈나요? ☐

3 책과 눈의 거리를 알맞게 했나요? ☐

 "바르게 앉아야지."라는 모호한 지도보다, "허리 펴고! 책과 눈 사이 거리 유지하기!"라고 구체적으로 알려 주세요.

바른 자세로 들어요

🖊 보기의 친구들을 교실에서 찾아 ○표 하세요. 모두 바르게 듣고 있나요?

보기

바른 자세는 말하는 사람을 향해 앉아서
허리를 곧게 펴고 집중해서 듣는 자세입니다.

 "선생님 말씀 잘 듣고 와."라는 모호한 지도보다, "눈은 반짝, 항상 선생님 보기!"라고 구체적으로 알려 주세요.

발표는 이렇게 해요

🌿 발표하는 순서와 자세를 알아보고, 빈 곳에 알맞은 스티커를 붙이세요.

1 바른 자세로 일어나요.

2 친구들이 많은 쪽을 바라봐요.

3 큰 목소리로 말해요.

4 발표 후 자리에 바르게 앉아요.

🖋 나를 소개하는 글을 쓰고 가족 앞에서 순서대로 발표해 보세요.

나를 소개합니다!

이름

좋아하는 것

잘하는 것

🖋 내 발표를 들은 사람의 이름과 사인을 받으세요.

들은 사람 이름 : _____ (사인)

책상과 사물함 정리

🌱 잘 정리된 책상에 ○표 하고, 물건들이 하나하나 어떻게 놓여 있는지 말해 보세요.

 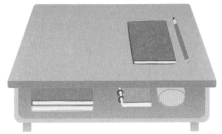

🌱 가방과 옷을 어디에 두어야 할까요? 왼쪽과 같은 자리에 스티커를 붙여요.

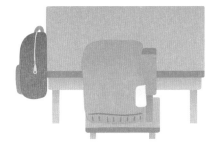 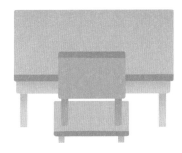

옷은 팔을 접어 의자 등받이에 걸쳐 두고,
가방은 책상 왼쪽에 걸어요.

🌱 사물함에 차곡차곡 정리한 물건을 붙여요.

34

신발과 우산 정리

🍧 신발 정리를 잘못한 곳을 모두 찾아 X표 하세요.

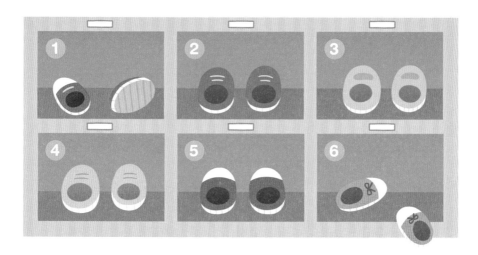

🍧 우산꽂이에 우산을 바르게 넣는 친구를 찾아 ○표 하세요.

 학기 초 실내화 가방을 1층 현관에 그대로 두고 가는 어린이가 많습니다.
"실내화 가방 잊지 않고 챙기기!" 3월 내내 말해 주세요.

정답 ①, ⑥ | ①

35

18 단계

교실을 청소해요

🌿 친구들이 교실을 청소하고 있어요. 두 그림에서 서로 다른 5곳을 찾아 아래 그림에 ○표 하세요.

 학교 수업이 끝나면 자기가 공부한 자리는 스스로 청소합니다.
복도 창문, 교실 바닥, 사물함 등 맡은 구역을 꼼꼼하게 쓸고 닦아요.

정답 책, 공, 빗자루 2곳, 오른쪽 아이 머리

36

재활용품을 분리해요

🖐 재활용품을 어디에 버릴까요? 스티커를 붙이며 알아보세요.

유리

플라스틱

캔

종이

달력을 봐요

🌿 입학식은 몇년 몇월 며칠인가요? 날짜에 ○표 하고, 년, 월, 일, 요일을 써 보세요.

3월

일	월	화	수	목	금	토
						1 삼일절
2	3	4	5 경칩	6	7	8
9	10	11	12	13	14	15
16	17	18	19	20 춘분	21	22
23	24	25	26	27	28	29
30	31					

2 0 2   년

3 월   일

요 일

시간표를 봐요

🖊 1주일 동안 배울 시간표예요. 흐린 글자를 따라 쓰고,
요일별로 무엇을 공부하는지 말해 보세요.

	월	화	수	목	금
1	국어	국어	국어	수학	수학
2	수학	학교	수학	사람들	국어
3	통합	우리나라	탐험	국어	창체
4	국어	수학	탐험	우리나라	창체

🖊 화요일 3교시는 무슨 과목인가요? _____

🖊 목요일 2교시는 무슨 과목인가요? _____

COMMENT ★
1학년 통합교과 교재들은 제목이 재미있어요. '학교', '사람들', '탐험',
'우리나라' 등의 교과서로 공부하게 됩니다. '사람들'은 우리 주변 직업에
대해서, '탐험'은 탐험가가 되어 우주나 바다처럼 새로운 세상에 대해
배워요. 시수가 대폭 증가한 국어 과목은 하루에 2시간 배우는 날도
있습니다.

정답 우리나라, 사람들

39

20단계

알림장을 써요

✿ 선생님의 알림장을 또박또박 따라 써요.

3월 10일 월요일

1. 국어책 가지고 오기
2. 준비물: 필통, 풀, 가위

3월 10일 월요일	선생님 확 인	보호자 확 인
1. 국어책 가지고 오기		
2. 준비물: 필통, 풀, 가위		

 어린이들이 알림장을 적을 때 가장 힘들어하는 부분이 '시간 안에' 쓰는
것입니다. 시간을 정해 두고 따라 적는 연습을 미리 해 보세요.

책가방을 싸요

참 잘했어요
내 사인

🖌 왼쪽 알림장을 보고 스티커를 붙여 가방 싸는 연습을 해요.

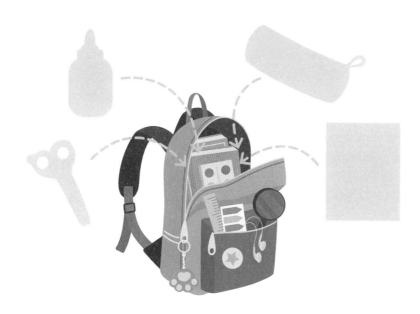

🖌 연필은 깎아서 3자루씩 필통에 준비하세요. 필통에 연필을 붙이며 연습해 볼까요?

풀, 가위, 자, 지우개도 넣어 두세요.

21단계

친구를 얻는 법

🌿 이렇게 하면 친구를 얻는대요. 빈칸을 채워 보고,
친구의 표정도 그려 주세요.

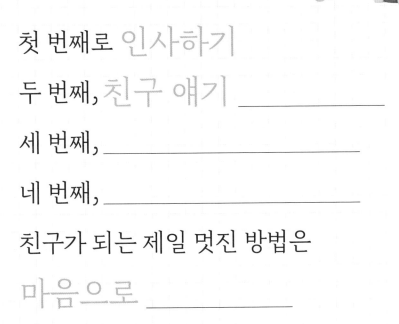

친구가 되는 멋진 방법

첫 번째로 인사하기

두 번째, 친구 얘기 _____

세 번째, _____

네 번째, _____

친구가 되는 제일 멋진 방법은

마음으로 _____

COMMENT ★ 동요 '친구가 되는 멋진 방법'을 찾아 들으며 가사를 따라 적거나, 내가
생각하는 좋은 친구에 대해 쓰고 얘기해 보세요.

친구를 잃는 법

🔖 이렇게 하면 친구를 잃는대요. 빈칸을 채워 보고,
친구의 표정도 그려 주세요.

친구를 잃는 방법

첫 번째로 절대로 웃지 않기

두 번째, 모두 독차지하기

세 번째, ＿＿＿＿＿＿ 되기

네 번째, ＿＿＿＿＿＿＿＿＿

그리고 고자질하기

COMMENT ★ 그림책 '친구를 모두 잃어버리는 방법'을 찾아 읽어 보고 내용을 따라
적거나, 내가 생각하는 나쁜 친구에 대해 쓰고 얘기해 보세요.

43

이런 친구가 좋아요

🌿 친해지고 싶은 행동을 하는 친구에게 ○표 하세요.

반갑게 인사해요

🔖 친구끼리 인사하는 표정을 그리고 색칠해 보세요.

🔖 진정한 친구가 되는 마법의 주문을 따라 쓰고, 소리 내어 읽어
보세요.

😊 친구야 안녕!

😊 만나서 반가워.

😊 너 참 멋지구나.

😊 고마워.

😊 미안해.

비상 연락처를 알아요

🌱 학교 근처에서 길을 잃어버리면 어쩌지요?
집안의 어른 전화번호를 1개 정해서 5번 쓰고, 외워 두세요.

우리 엄마
전화번호는요,
010…

_____ 의 전화번호

0	1	0	-					-				
			-					-				
			-					-				
			-					-				
			-					-				

나를 그려요

🍦 드디어 학교에 가요. 1학년 내 모습을 그리고, 미로를 따라가
학교에 도착해 보세요.

드디어 입학!

입학을 축하합니다! 초등학교에서 즐거운 날들을 보내세요.

초등학교 입학증

이름 _____

위 어린이의 초등학교 입학을
진심으로 축하합니다.
앞으로 선생님 말씀 잘 듣고
친구들과 즐겁게 지내며
멋진 어린이로 성장하기를 바랍니다.

1학년 담임 선생님

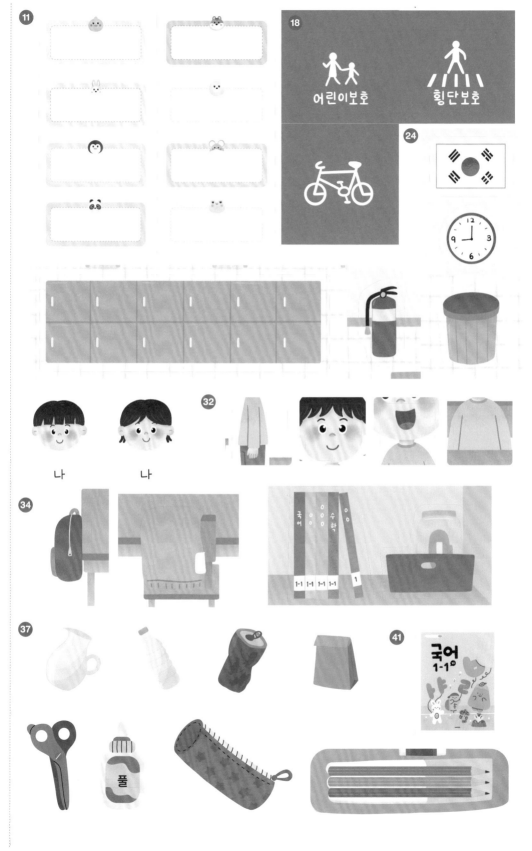

어린이보호

횡단보호

나　　나

국어 1-1

풀

2025년 예비 초1의 입학·초등교육 정보!
"국민 담임 서진쌤이 딱! 알려드립니다"

PART 01 입학 전 꼭 알아야 할 기본 초등 상식

입학 정보
취학통지서·예비소집일
돌봄&늘봄&방과후학교
개정 교육과정·교과서 개편

기초생활
초등 기초생활습관 체크 리스트
학교생활의 기본 자립심 기르기
선행 학습과 건강한 공부 정서

초등교육
운필력 기르기
한글, 숫자, 시계 보기
소근육 활동 늘리기

PART 02 부모와 아이가 함께 준비하는 입학식

입학식
미리 보는 준비물&행사 순서
학교 탐방·등교 거부 대처법

등교 준비
아이 주도 안전한 등굣길·필수 교통법규
개편 교과서 종류&개인 구매 방법

PART 03 입학 초기 사용하는 유용한 학교생활 정보

행정 처리
병결석·결석계 처리 방법
학교폭력 예방법

학교생활
학교·교실 생활 규칙 확인
급식 먹기&우유 급식 받기
과정중심평가 이해하기

수업
자발적 준비물 챙기기
3단계 발표 연습하기
보충수업 신청하기

아이 스스로 쓰고 그리는 활동책 수록

입학 전 마음가짐과 생활습관을 점검하고,
학교생활 미리보기를 하며 입학 기대감 상승!
'자기소개서'부터 '초등학교 입학증'을 받기까지
아이의 흥미를 자극하는 다양한 활동 수록

ISBN 979-11-6822-352-3 13590